住宅建筑规范详解

Details of Residential Building Code

本书编写组　编

知识产权出版社
全国百佳图书出版单位

图书在版编目（CIP）数据

住宅建筑规范详解/《住宅建筑规范详解》编写组编．北京：知识产权出版社，2006.3

ISBN 978-7-80198-368-8

Ⅰ．住…　Ⅱ．住…　Ⅲ．住宅-建筑规范-解释-中国　Ⅳ．TU24-65

中国版本图书馆 CIP 数据核字（2006）第 012906 号

住宅建筑规范详解

本书编写组　编

责任编辑：陆彩云　　责任校对：韩秀天

装帧设计：智兴工作室　　责任出版：卢运霞

出版发行：知识产权出版社

社　　址：北京市海淀区马甸南村 1 号

网　　址：http：//www. ipph. com

发行电话：010-82000860 转 8101/8102

责编电话：010-82000860 转 8110

印　　刷：三河市国英印务有限公司

开　　本：850mm×1168mm　1/32

版　　次：2006 年 3 月第 1 版

字　　数：180 千字

ISBN 978-7-80198-368-8/TU·207（1506）

邮　　编：100088

邮　　箱：bjb@ cnipr. com

传　　真：010-82000733

责编邮箱：lcy@ cnipr. com

经　　销：新华书店及相关销售网点

印　　张：7. 25

印　　次：2011 年 11 月第 4 次印刷

定　　价：18. 00 元

前　言

本书根据新颁布实施的国家标准《住宅建筑规范》GB 50368—2005的内容，参考其他相关标准规范，采用逐条解释的方式进行编写。

《住宅建筑规范》GB 50368—2005 于 2006 年 3 月 1 日实施，是主要依据现行相关标准，总结近年来我国城镇住宅建设、使用和维护的实践经验和研究成果，参照发达国家通行做法制定的第一部以功能和性能要求为基础的全文强制的标准。其主要内容有：1 总则、2 术语、3 基本规定、4 外部环境、5 建筑、6 结构、7 室内环境、8 设备、9 防火与疏散、10 节能、11 使用与维护。

本书按照《住宅建筑规范》的编制精神，强调规范的依据，以这些依据对该规范除 1 总则、2 术语以外的各章内容逐条进行对应性说明。

本书主要内容为第 3 ~ 11 章，分别对应《住宅建筑规范》的第 3 ~ 11 章。各条条文下的内容为对应的现行相关标准规范条文。这样方便读者快速地了解各条条文的出处，掌握各条条文详细的含义，理解该规范。由于该规范是参照我国现行标准规范编制而成，因此该规范条文说明一般指出对应条文的规范出处。就此，本书直接列示其条文对应的规范内容，同时列示条文说明中未提及但内容相近的规范内容，以利于培训使用。注意，可能存在个别条文内容与其他标准规范不对应的情况，建议读者以新颁布的规范为准。因为该规范新颁布实施，又是目前我国建筑行业最重要的规范之一，我们在编写过程中难免有理解欠缺的地方，请广大读者及时指正。

本书编写组

目　录

前　言
1　《住宅建筑规范》摘录：总则 …………………………（1）
2　《住宅建筑规范》摘录：术语 …………………………（2）
3　基本规定 ……………………………………………（4）
4　外部环境 ……………………………………………（10）
5　建筑 ………………………………………………（28）
6　结构 ………………………………………………（46）
7　室内环境 ……………………………………………（111）
8　设备 ………………………………………………（132）
9　防火与疏散 …………………………………………（158）
10　节能 ………………………………………………（202）
11　使用与维护 …………………………………………（219）

1 《住宅建筑规范》摘录：总则

（总则是对规范的概括性介绍，说明规范的编制依据，界定规范的适用范围，提出规范的基本原则和要求。该规范主要依据现行标准制定，其条文有些是现行标准的条文，有些是以现行标准条文为基础改写而成，还有些是根据规范的系统性等需要新增加的。）

1.0.1 为贯彻执行国家技术经济政策，推进可持续发展，规范住宅的基本功能和性能要求，依据有关法律、法规，制定本规范。

1.0.2 本规范适用于城镇住宅的建设、使用和维护。

1.0.3 住宅建设应因地制宜、节约资源、保护环境，做到适用、经济、美观，符合节能、节地、节水、节材的要求。

1.0.4 本规范的规定为对住宅的基本要求。当与法律、行政法规的规定抵触时，应按法律、行政法规的规定执行。

1.0.5 住宅的建设、使用和维护，尚应符合经国家批准或备案的有关标准的规定。

2 《住宅建筑规范》摘录：术语

（术语是对规范中涉及的主要专业用语进行解释，也是一种专业定义，一般会给出该专业术语的英文翻译。关于建筑工程的专业术语及其对应的英文翻译，请参照知识产权出版社出版的《英汉建筑工程词汇》。）

2.0.1 住宅建筑 residential building

供家庭居住使用的建筑（含与其他功能空间处于同一建筑中的住宅部分），简称住宅。

2.0.2 老年人住宅 house for the aged

供以老年人为核心的家庭居住使用的专用住宅。老年人住宅以套为单位，普通住宅楼栋中可设置若干套老年人住宅。

2.0.3 住宅单元 residential building unit

由多套住宅组成的建筑部分，该部分内的住户可通过共用楼梯和安全出口进行疏散。

2.0.4 套 dwelling space

由使用面积、居住空间组成的基本住宅单位。

2.0.5 无障碍通路 barrier-free passage

住宅外部的道路、绿地与公共服务设施等用地内的适合老年人、体弱者、残疾人、轮椅及童车等通行的交通设施。

2.0.6 绿地 green space

居住用地内公共绿地、宅旁绿地、公共服务设施所属绿地和道路绿地（即道路红线内的绿地）等各种形式绿地的总称，包括满足当地植树绿化覆土要求、方便居民出入的地下或半地下建筑的屋顶绿地，不包括其他屋顶、晒台的绿地及垂直绿化。

2.0.7 公共绿地 public green space

满足规定的日照要求、适合于安排游憩活动设施的、供居民共享的集中绿地。

2.0.8 绿地率 greening rate

居住用地内各类绿地面积的总和与用地面积的比率（%）。

2.0.9 入口平台 entrance platform

在台阶或坡道与建筑入口之间的水平地面。

2.0.10 无障碍住房 barrier-free residence

在住宅建筑中，设有乘轮椅者可进入和使用的住宅套房。

2.0.11 轮椅坡道 ramp for wheelchair

坡度、宽度及地面、扶手、高度等方面符合乘轮椅者通行要求的坡道。

2.0.12 地下室 basement

房间地面低于室外地平面的高度超过该房间净高的1/2者。

2.0.13 半地下室 semi-basement

房间地面低于室外地平面的高度超过该房间净高的1/3，且不超过1/2者。

2.0.14 设计使用年限 design working life

设计规定的结构或结构构件不需进行大修即可按其预定目的使用的时期。

2.0.15 作用 action

引起结构或结构构件产生内力和变形效应的原因。

2.0.16 非结构构件 non-structural element

与住宅建筑永久相连接的建筑部件、机电部件或系统。

3 基本规定

3.1 住宅基本要求

3.1.1 住宅建设应符合城市规划要求，保障居民的基本生活条件和环境，经济、合理、有效地使用土地和空间。

相关规范要求如下：

《住宅设计规范》GB 50096—1999（2003年版）

1.0.5 住宅设计应符合城市规划和居住区规划的要求，使建筑与周围环境相协调，创造方便、舒适、优美的生活空间。

（关于城市规划对住宅的具体要求，请参照《城市居住区规划设计规范》GB 50180—93（2002年版）和《城市用地分类与规划建设用地标准》GB 50137—2011）

3.1.2 住宅选址时应考虑噪声、有害物质、电磁辐射和工程地质灾害、水文地质灾害等的不利影响。

详见本规范第4.4.4条和“7.4 空气污染”部分内容。

3.1.3 住宅应具有与其居住人口规模相适应的公共服务设施、道路和公共绿地。

详见本规范“4 外部环境”部分相关内容。

3.1.4 住宅应按套型设计，套内空间和设施应能满足安全、

详见本规范“5.1 套内空间”部分内容。

舒适、卫生等生活起居的基本要求。	
3.1.5 住宅结构在规定的设计使用年限内必须具有足够的可靠性。	详见本规范“6 结构”部分相关内容。
3.1.6 住宅应具有防火安全性能。	详见本规范“9 防火与疏散”部分相关内容。
3.1.7 住宅应具备在紧急事态时人员从建筑中安全撤出的功能。	详见本规范“9 防火与疏散”部分相关内容。
3.1.8 住宅应满足人体健康所需的通风、日照、自然采光和隔声要求。	详见本规范第4.1.1条及第4.4.4条及“7.1 噪声和隔声”和“7.2 日照、采光、照明和自然通风”部分相关条内容。
3.1.9 住宅建设的选材应避免造成环境污染。	详见本规范“6.2 材料”部分相关内容。
3.1.10 住宅必须进行节能设计，且住宅及其室内设备应能有效利用能源和水资源。	详见本规范第8.2.6条和“10 节能”部分内容。
3.1.11 住宅建设应符合无障碍设计原则。	详见本规范“5.3 无障碍要求”部分内容。
3.1.12 住宅应采取防止外窗玻璃、外墙装饰及其他附属设施等坠落或坠落伤人的措施。	详见本规范第5.2.4条内容。

3.2 许可原则

3.2.1 住宅建设必须采用质量合格并符合要求的材料与设备。

相关规范要求如下：

《建设工程勘察设计管理条例》（国务院令第293号）

第27条 设计文件中选用的材料、构配件、设备，应当注明其规格、型号、性能等技术指标，其质量要求必须符合国家规定的标准。

《建筑工程施工质量验收统一标准》GB 50300—2001

3.0.2 建筑工程应按下列规定进行施工质量控制：

1. 建筑工程采用的主要材料、半成品、成品、建筑构配件、器具和设备应进行现场验收。凡涉及安全、功能的有关产品，应按各专业工程质量验收规范规定进行复验，并应经监理工程师（建设单位技术负责人）检查认可。

（《民用建筑工程室内环境污染控制规范》GB 50325—2010 4 工程勘察设计；《建设工程项目管理规范》GB/T 50326—2006 14.3 项目材料管理；《住宅装饰装修工程施工规范》GB 50327—2001 3.2材料、设备基本要求；《民用建筑设计通则》GB 50352—2005 6.15 室内外装修；《民用房屋修缮工程施工规程》CJJ/T 53—93 以及《民用建筑修缮工程查勘与设计规程》JGJ 117—98 等标准、规范、规程中均有对住宅建设采用材料和设备的具体规定。）

3.2.2 当住宅建设采用不符合工程建设强制性标准的新技术、新工艺、新材料时，必须经相关程序核准。

相关规范鼓励采用新技术、新工艺、新材料、新设备，同时也要求对此进行审核论证。相关规范要求如下：

《建设工程勘察设计管理条例》（国务院令第293号）第29条和“三新核准”行政许可，当工程建设采用不符合工程建设强制性标准的新技术、新工艺、新材料时，必须按照《“采用不符合工程建设强制性标准的新技术、新工艺、新材料核准”行政许可实施细则》（建标［2005］124号）的规定进行核准。

《住宅设计规范》GB 50096—1999（2003年版）

1.0.6 住宅设计应推行标准化、多样化，积极采用新技术、新材料、新产品，促进住宅产业现代化。

《建设工程监理规范》GB 50319—2000

5.4.3 当承包单位采用新材料、新工艺、新技术、新设备时，专业监理工程师应要求承包单位报送相应的施工工艺措施和证明材料，组织专题论证，经审定后予以签认。

8.2.7 专业监理工程师必须对设备制造过程中拟采用的新技术、新材料、新工艺的鉴定书和试验报告进行审核，并签署意见。

《住宅装饰装修工程施工规范》GB 50327—2001

3.2.7 住宅装饰装修工程应积极使用新材料、新技术、新工艺、新设备。

3.2.3 未经技术鉴定和设计认可，不得拆改结构构件和进行加层改造。

相关规范要求如下：

《建筑装饰装修工程质量验收规范》GB 50210—2001

3.1.5 建筑装饰装修工程设计必须保证建筑物的结构安全和主要使用功能。当涉及主体和承重结构改动或增加荷载时，必须由原结构设计单位或具备相应资质的设计单位核查有关原始资料，对既有建筑结构的安全性进行核验、确认。

3.3.4 建筑装饰装修工程施工中，严禁违反设计文件擅自改动建筑主体、承重结构或主要使用功能；严禁未经设计确认和有关部门批准擅自拆改水、暖、电、燃气、通讯等配套设施。

《住宅装饰装修工程施工规范》GB 50327—2001

3.1.4 施工中，严禁擅自改动建筑主体、承重结构或改变房间主要使用功能；严禁擅自拆改燃气、暖气、通讯等配套设施。

《民用建筑设计通则》GB 50352—2005

6.15.1 室内外装修应符合下列要求：

1 室内外装修严禁破坏建筑物结构的安全性；

6.15.2 室内装修应符合下列规定：

2 室内如需要重新装修时，不得随意改变原有设施、设备管线系统。

《民用房屋修缮工程施工规程》CJJ/T 53—93

8.1.3 在剔凿、斩剁、铲除、处理、修补房屋装饰工程中，应尽量恢复、保持原有房屋的功能、风貌，不得任意拆改、损坏、污染原有房屋的设备和装饰。

3.3 既有住宅

3.3.1 既有住宅达到设计使用年限或遭遇重大灾害后，需要继续使用时，应委托具有相应资质的机构鉴定，并根据鉴定结论进行处理。

本条根据现行规范改写而成。住宅的设计使用年限一般为50年。相关规范要求如下：

《既有建筑地基基础加固技术规范》JGJ 123—2000

3.0.1 既有建筑地基和基础加固前，应先对地基和基础进行鉴定，方可进行加固设计和施工。既有建筑地基和基础的鉴定、加固设计和施工，应由具有相应资质的单位和有经验的专业技术人员承担。

3.0.3 既有建筑地基和基础加固的施工人员应掌握所承担工程的地基基础加固目的、加固原理、技术要求和质量标准等，施工中应有专人负责质量控制，并进行严密的监测，当出现异常情况时，应及时会同设计人员及有关部门分析原因，妥善解决。

3.3.2 既有住宅进行改造、改建时，应综合考虑节能、防火、抗震的要求。

（涉及住宅节能、防火、抗震的标准规范很多，其中防火、抗震方面可以参考知识产权出版社出版的《工程建设标准规范专业条文全搜索 防火与消防》和《工程建设标准规范专业条文全搜索 抗震》，节能方面可以参考中国建筑工业出版社出版的《建筑节能标准规范汇编》。）

4 外部环境

4.1 相邻关系

4.1.1 住宅间距，应以满足日照要求为基础，综合考虑采光、通风、消防、防灾、管线埋设、视觉卫生等要求确定。住宅日照标准应符合表4.1.1的规定；对于特定情况还应符合下列规定：

住宅建筑日照标准 **表4.1.1**

建筑气候区划	Ⅰ、Ⅱ、Ⅲ、Ⅶ气候区		Ⅳ气候区		Ⅴ、Ⅵ气候区
	大城市	中小城市	大城市	中小城市	
日照标准日	大寒日			冬至日	
日照时数（h）	≥2	≥3		≥1	
有效日照时间带（h）（当地真太阳时）	8~16			9~15	
日照时间计算起点	底层窗台面				

注：底层窗台面是指距室内地坪0.9m高的外墙位置。

（少数地区，如低于北纬25°的地区，与日照要求相比，更侧重于通风和视觉要求，尚需作补充规定。）

1 老年人住宅不应低于冬至日日照2h的标准；

由于老年人的生理机能、生活规律及其健康需求决定了其活动范围的局限性和对环境的特殊要求。故规定老年人住宅不应低于冬至日日照2h的标准。执行本条标准时不附带任何条件。相关规范要求如下：

《老年人居住建筑设计标准》GB/T 50340—2003

6.1.1 老年人居住建筑的主要用房应充分利用天然采光。

6.1.2 主要用房的采光窗洞口面积与该房间地

面积之比，不宜小于表 6.1.2 的规定。

主要用房窗地比 表 6.1.2

房间名称	窗地比	房间名称	窗地比
活动室	1/4	厨房、公用厨房	1/7
卧室、起居室、医务用房	1/6	楼梯间、公用卫生间、公用浴室	1/10

6.1.3 活动室必须光线充足，朝向和通风良好，并宜选择有两个采光方向的位置。

2 旧区改建的项目内新建住宅日照标准可酌情降低，但不应低于大寒日日照 1h 的标准。

相关规范要求如下：

《城市居住区规划设计规范》GB 50180—93（2002 年版）

5.0.2 住宅间距，应以满足日照要求为基础，综合考虑采光、通风、消防、防灾、管线埋设、视觉卫生等要求确定。

5.0.2.1 住宅日照标准应符合表 5.0.2－1 规定；对于特定情况还应符合下列规定：

住宅建筑日照标准 表 5.0.2－1

建筑气候区划	Ⅰ、Ⅱ、Ⅲ、Ⅶ气候区		Ⅳ气候区		Ⅴ、Ⅵ气候区
	大城市	中小城市	大城市	中小城市	
日照标准日	大寒日			冬至日	
日照时数（h）	≥2	≥3		≥1	
有效日照时间带(h)(当地真太阳时)	8～16			9～15	
日照时间计算起点	底层窗台面				

注：① 建筑气候区划应符合本规范附录 A 第 A.0.1 条(略)的规定；
② 底层窗台面是指距室内地坪 0.9m 高的外墙位置。

（1）老年人居住建筑不应低于冬至日日照 2h 的标准；

（3）旧区改建的项目内新建住宅日照标准可酌情降低，但不应低于大寒日日照 1h 的标准。

5.0.2.2 住宅正面间距，应按日照标准确定的不同方位的日照间距系数控制，也可采用表 5.0.2－2 不同方位间距折减系数换算。

不同方位间距折减系数　　表 5.0.2－2

方位	0°～15°	15°～30°	30°～45°	45°～60°	>60°
折减值	1.00L	0.90L	0.80L	0.90L	0.95L

注：① 表中方位为正南向（0°）偏东、偏西的方位角。
② L 为当地正南向住宅的标准日照间距（m）。
③ 本表指标仅适用于无其他日照遮挡的平行布置条式住宅之间。

4.1.2 住宅至道路边缘的最小距离，应符合表 4.1.2 的规定。

宽度大于 9m 的道路一般为城市道路，车流量较大，不允许住宅面向道路开设出入口。相关规范要求如下：

《城市居住区规划设计规范》GB 50180—93（2002）年版

住宅至道路边缘最小距离（m）　　表 4.1.2

与住宅距离 \ 路面宽度			<6m	6～9m	>9m
住宅面向道路	无出入口	高层	2	3	5
		多层	2	3	3
	有出入口		2.5	5	—
住宅山墙面向道路		高层	1.5	2	4
		多层	1.5	2	2

注：1 当道路设有人行便道时，其道路边缘指便道边线；
2 表中“—”表示住宅不应向路面宽度大于 9 m 的道路开设出入口。

8.0.5 居住区内道路设置，应符合下列规定：

8.0.5.8 居住区内道路边缘至建筑物、构筑物的最小距离，应符合表8.0.5规定。

道路边缘至建、构筑物最小距离（m） 表8.0.5

<table>
<tr><th colspan="3">道路级别
与建、构筑物关系</th><th>居住区道路</th><th>小区路</th><th>组团路及宅间小路</th></tr>
<tr><td rowspan="3">建筑物面向道路</td><td rowspan="2">无出入口</td><td>高层</td><td>5.0</td><td>3.0</td><td>2.0</td></tr>
<tr><td>多层</td><td>3.0</td><td>3.0</td><td>2.0</td></tr>
<tr><td colspan="2">有出入口</td><td>—</td><td>5.0</td><td>2.5</td></tr>
<tr><td colspan="2" rowspan="2">建筑物山墙面向道路</td><td>高层</td><td>4.0</td><td>2.0</td><td>1.5</td></tr>
<tr><td>多层</td><td>2.0</td><td>2.0</td><td>1.5</td></tr>
<tr><td colspan="3">围墙面向道路</td><td>1.5</td><td>1.5</td><td>1.5</td></tr>
</table>

注：居住区道路的边缘指红线；小区路、组团路及宅间小路的边缘指路面边线。当小区路设有人行便道时，其道路边缘指便道边线。

4.1.3 住宅周边设置的各类管线不应影响住宅的安全，并应防止管线腐蚀、沉陷、振动及受重压。

相关规范要求如下：

《城市居住区规划设计规范》GB 50180—93（2002年版）

10.0.2 居住区内各类管线的设置，应编制管线综合规划确定，并应符合下列规定：

10.0.2.4 应考虑不影响建筑物安全和防止管线受腐蚀、沉陷、震动及重压。各种管线与建筑物和构筑物之间的最小水平间距，应符合表10.0.2-3规定。

各种管线与建、构筑物之间的最小水平间距（m）　　表 10.0.2－3

<table>
<tr><th colspan="2" rowspan="2">管线名称</th><th rowspan="2">建筑物基础</th><th colspan="3">地上杆柱（中心）</th><th rowspan="2">铁路（中心）</th><th rowspan="2">城市道路侧石边缘</th><th rowspan="2">公路边缘</th></tr>
<tr><th>通信、照明及<10kV</th><th>≤35 kV</th><th>>35 kV</th></tr>
<tr><td colspan="2">给水管</td><td>3.00</td><td>0.50</td><td colspan="2">3.00</td><td>5.00</td><td>1.50</td><td>1.00</td></tr>
<tr><td colspan="2">排水管</td><td>2.50</td><td>0.50</td><td colspan="2">1.50</td><td>5.00</td><td>1.50</td><td>1.00</td></tr>
<tr><td rowspan="3">燃气管</td><td>低压</td><td>1.50</td><td rowspan="3">1.00</td><td rowspan="3">1.00</td><td rowspan="3">5.00</td><td>3.75</td><td>1.50</td><td>1.00</td></tr>
<tr><td>中压</td><td>2.00</td><td>3.75</td><td>1.50</td><td>1.00</td></tr>
<tr><td>高压</td><td>4.00</td><td>5.00</td><td>2.50</td><td>1.00</td></tr>
<tr><td colspan="2" rowspan="2">热力管</td><td>直埋 2.5</td><td rowspan="2">1.00</td><td rowspan="2">2.00</td><td rowspan="2">3.00</td><td rowspan="2">3.75</td><td rowspan="2">1.50</td><td rowspan="2">1.00</td></tr>
<tr><td>地沟 0.5</td></tr>
<tr><td colspan="2">电力电缆</td><td>0.60</td><td>0.60</td><td>0.60</td><td>0.60</td><td>3.75</td><td>1.50</td><td>1.00</td></tr>
<tr><td colspan="2">电信电缆</td><td>0.60</td><td>0.50</td><td>0.60</td><td>0.60</td><td>3.75</td><td>1.50</td><td>1.00</td></tr>
<tr><td colspan="2">电信管道</td><td>1.50</td><td>1.00</td><td>1.00</td><td>1.00</td><td>3.75</td><td>1.50</td><td>1.00</td></tr>
</table>

注：①表中给水管与城市道路侧石边缘的水平间距 1.00m 适用于管径小于或等于 200mm，当管径大于 200mm 时应大于或等于 1.50m；

②表中给水管与围墙或篱笆的水平间距 1.50m 是适用于管径小于或等于 200mm，当管径大于 200mm 时应大于或等于 2.50m；

③排水管与建筑物基础的水平间距，当埋深浅于建筑物基础时应大于或等于 2.50m；

④表中热力管与建筑物基础的最小水平间距对于管沟敷设的热力管道为 0.50m，对于直埋闭式热力管道管径小于或等于 250mm 时为 2.50m，管径大于或等于 300mm 时为 3.00m，对于直埋开式热力管道为 5.00m。

4.2 公共服务设施

4.2.1 配套公共服务设施(配套公建)应包括:教育、医疗卫生、文化、体育、商业服务、金融邮电、社区服务、市政公用和行政管理等 9 类设施。

相关规范要求如下:

《城市居住区规划设计规范》GB 50180—93(2002 年版)

6.0.1 居住区公共服务设施(也称配套公建),应包括:教育、医疗卫生、文化体育、商业服务、全融邮电、社区服务、市政公用和行政管理及其他八类设施。

(《城市居住区规划设计规范》GB 50180—93 中将文化、体育合为一类)

4.2.2 配套公建的项目与规模,必须与居住人口规模相对应,并应与住宅同步规划、同步建设、同期交付。

相关规范要求如下:

《城市居住区规划设计规范》GB 50180—93(2002 年版)

6.0.2 居住区配套公建的配建水平,必须与居住人口规模相对应。并应与住宅同步规划、同步建设和同时投入使用。

6.0.3 居住区配套公建的项目,应符合本规范附录 A 第 A.0.6 条规定。配建指标,应以表 6.0.3 规定的千人总指标和分类指标控制,并应遵循下列原则:

6.0.3.1 各地应按表 6.0.3 中规定所确定的本规范附录 A 第 A.0.6 条中有关项目及其具体指标控制;

6.0.3.2 本规范附录 A 第 A.0.6 条和表 6.0.3 在使用时可根据规划布局形式和规划用地四周的设施条件,对配建项目进行合理的归并、调整；但不应少于与其居住人口规模相对应的千人总指标；

公共服务设施控制指标（m^2/千人） 表6.0.3

类别 \ 居住规模		居住区		小区		组团	
		建筑面积	用地面积	建筑面积	用地面积	建筑面积	用地面积
总指标		1668～3293（2228～4213）	2172～5559（2762～6329）	968～2397（1338～2977）	1091～3835（1491～4585）	362～856（703～1356）	488～1058（868～1578）
其中	教育	600～1200	1000～2400	330～1200	700～2400	160～400	300～500
	医疗卫生（含医院）	78～198（178～398）	138～378（298～548）	38～98	78～228	6～20	12～40
	文体	125～245	225～645	45～75	65～105	18～24	40～60
	商业服务	700～910	600～940	450～570	100～600	150～370	100～400
	社区服务	59～464	76～668	59～292	76～328	19～32	16～28
	金融邮电（含银行、邮电局）	20～30（60～80）	25～50	16～22	22～34	—	—
	市政公用（含居民存车处）	40～150（460～820）	70～360（500～960）	30～140（400～720）	50～140（450～760）	9～10（350～510）	20～30（400～550）
	行政管理及其他	46～96	37～72	—	—	—	—

注：①居住区级指标含小区和组团级指标，小区级含组团级指标；
②公共服务设施总用地的控制指标应符合表3.0.2规定；
③总指标未含其他类，使用时应根据规划设计要求确定本类面积指标；
④小区医疗卫生类未含门诊所；
⑤市政公用类未含锅炉房，在采暖地区应自行确定。

6.0.3.3 当规划用地内的居住人口规模界于组团和小区之间或小区和居住区之间时，除配建下一级应配建的项目外；还应根据所增人数及规划用地周围的设施条件，增配高一级的有关项目及增加有关指标；

6.0.3.6 旧区改建和城市边缘的居住区，其配建项目与千人总指标可酌情增减，但应符合当地城市规划行政主管部门的有关规定；

6.0.3.7 凡国家确定的一、二类人防重点城市均应按国家人防部门的有关规定配建防空地下室，并应遵循平战结合的原则，与城市地下空间规划相结合，统筹安排。将居住区使用部分的面积，按其使用性质纳入配套公建；

6.0.3.8 居住区配套公建各项目的设置要求，应符合本规范附录 A 第 A.0.7 条的规定。对其中的服务内容可酌情选用。

4.3 道路交通

4.3.1 每个住宅单元至少应有一个出入口可以通达机动车。

相关规范要求如下：

《城市居住区规划设计规范》GB 50180—93（2002 年版）

8.0.1 居住区的道路规划，应遵循下列原则：

8.0.1.8 应便于居民汽车的通行，同时保证行人、骑车人的安全便利。

《民用建筑设计通则》GB 50352—2005

5.2.1 建筑基地内道路应符合下列规定：

1 基地内应设道路与城市道路相连接，其连接处的车行路面应设限速设施，道路应能通达建筑物的安全出口。

4.3.2 道路设置应符合下列规定：

1 双车道道路的路面宽度不应小于 6m；宅前路的路面宽度不应小于 2.5m；

相关规范要求如下：

《城市居住区规划设计规范》GB 50180—93（2002 年版）

8.0.2 居住区内道路可分为：居住区道路、小区路、组团路和宅间小路四级。其道路宽度，应符合下列规定：

8.0.2.1 居住区道路：红线宽度不宜小于20m；

8.0.2.2 小区路：路面宽6～9m，建筑控制线之间的宽度，需敷设供热管线的不宜小于14m；无供热管线的不宜小于10m；

8.0.2.3 组团路：路面宽3～5m；建筑控制线之间的宽度，需敷设供热管线的不宜小于10m；无供热管线的不宜小于8m；

8.0.2.4 宅间小路：路面宽不宜小于2.5m；

8.0.2.5 在多雪地区，应考虑堆积清扫道路积雪的面积，道路宽度可酌情放宽，但应符合当地城市规划行政主管部门的有关规定。

《民用建筑设计通则》GB 50352—2005

5.2.2 建筑基地道路宽度应符合下列规定：

1 单车道路宽度不应小于4m，双车道路不应小于7m；（编者注：注意区别）

2 人行道路宽度不应小于1.50m；

3 利用道路边设停车位时，不应影响有效通行宽度；

4 车行道路改变方向时，应满足车辆最小转弯半径要求；消防车道路应按消防车最小转弯半径要求设置。

2 当尽端式道路的长度大于120m时，应在尽端设置不小于12m×12m的回车场地；

相关规范要求如下：

《城市居住区规划设计规范》GB 50180—93（2002年版）

8.0.5 居住区内道路设置，应符合下列规定：

8.0.5.5 居住区内尽端式道路的长度不宜大于120m，并应在尽端设不小于12m×12m的回车场地；

3 当主要道路坡度较大时，应设缓冲段与城市道路相接；

相关规范要求如下：

《城市居住区规划设计规范》GB 50180—93（2002年版）

8.0.5 居住区内道路设置，应符合下列规定：

8.0.5.2 居住区内道路与城市道路相接时，其交角不宜小于75°；当居住区内道路坡度较大时，应设缓冲段与城市道路相接；

《民用建筑设计通则》GB 50352—2005

4.1.5 基地机动车出入口位置应符合下列规定：

5 当基地道路坡度大于8%时，应设缓冲段与城市道路连接；

4 在抗震设防地区，道路交通应考虑减灾、救灾的要求。

相关规范要求如下：

《城市居住区规划设计规范》GB 50180—93（2002年版）

8.0.1 居住区的道路规划，应遵循下列原则：

8.0.1.5 在地震烈度不低于六度的地区，应考虑防灾救灾要求；

4.3.3 无障碍通路应贯通，并应符合下列规定：

1 坡道的坡度应符合表4.3.3的规定；

坡道的坡度　　表4.3.3

高度（m）	1.50	1.00	0.75
坡度	≤1∶20	≤1∶16	≤1∶12

相关规范要求如下：

《城市道路和建筑物无障碍设计规范》JGJ 50—2001

7.2.4 不同位置的坡道，其坡度和宽度应符合表7.2.4的规定。

不同位置的坡道坡度和宽度　　表 7.2.4

坡道位置	最大坡度	最小宽度(m)
1. 有台阶的建筑入口	1∶12	≥1.20
2. 只设坡道的建筑入口	1∶20	≥1.50
3. 室内走道	1∶12	≥1.00
4. 室外通路	1∶20	≥1.50
5. 困难地段	1∶10～1∶8	≥1.20

7.2.5 坡道在不同坡度的情况下，坡道高度和水平长度应符合表 7.2.5 的规定（图 7.2.5）。

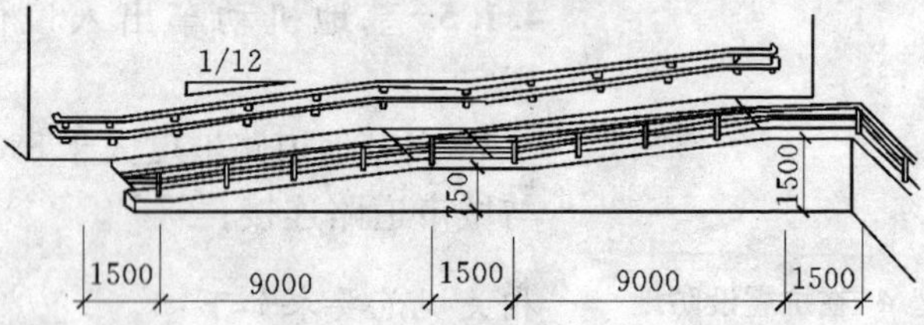

图 7.2.5　1∶12 坡道高度和水平长度

不同坡度高度和水平长度　　表 7.2.5

坡度	1∶20	1∶16	1∶12	1∶10	1∶8
最大高度（m）	1.50	1.00	0.75	0.60	0.35
水平长度（m）	30.00	16.00	9.00	6.00	2.80

2 人行道在交叉路口、街坊路口、广场入口处应设缘石坡道，其坡面应平整，且不应光滑。坡度应小于1∶20，坡宽应大于1.2m；

相关规范要求如下：

《城市道路和建筑物无障碍设计规范》JGJ 50—2001

3.2.1 人行道路的无障碍设施与设计要求应符合表 3.2.1 的规定。

人行道路无障碍设施与设计要求　　表 3.2.1

序号	设施类别	设计要求
1	缘石坡道	人行道在交叉路口、街坊路口、单位出口、广场入口、人行横道及桥梁、隧道、立体交叉等路口应设缘石坡道

4.1.1 缘石坡道设计应符合下列规定：

1 人行道的各种路口必须设缘石坡道；

2 缘石坡道应设在人行道的范围内，并应与人行横道相对应；

3 缘石坡道可分为单面坡缘石坡道和三面坡缘石坡道；

4 缘石坡道的坡面应平整，且不应光滑；

5 缘石坡道下口高出车行道的地面不得大于20mm。

（坡度和坡宽参见前款）

3 通行轮椅车的坡道宽度不应小于1.5m。

相关规范要求如下：

《城市居住区规划设计规范》GB 50180—93（2002 年版）

8.0.5 居住区内道路设置，应符合下列规定：

8.0.5.4 在居住区内公共活动中心，应设置为残疾人通行的无障碍通道。通行轮椅车的坡道宽度不应小于2.5m，纵坡不应大于2.5%；

《城市道路和建筑物无障碍设计规范》JGJ 50—2001

7.3.1 乘轮椅者通行的走道和通路最小宽度应符合表7.3.1的规定。

轮椅通行最小宽度　　表7.3.1

建筑类别	最小宽度（m）
1. 大型公共建筑走道	≥1.80
2. 中小型公共建筑走道	≥1.50
3. 检票口、结算口轮椅通道	≥0.90
4. 居住建筑走廊	≥1.20
5. 建筑基地人行通路	≥1.50

7.11.3 停车车位的一侧，应设宽度不小于

1.20m的轮椅通道，应使乘轮椅者从轮椅通道直接进入人行通道到达建筑入口。

7.11.4 停车车位一侧的轮椅通道与人行通道地面有高差时，应设宽1.00m的轮椅坡道。

7.12.7 过道与阳台无障碍设计应符合下列规定：

1. 户内门厅轮椅通行宽度不应小于1.50m；

4.3.4 居住用地内应配套设置居民自行车、汽车的停车场地或停车库。

自行车是常用的交通工具，数量庞大，故本条提出居住用地应配置居民自行车停车场地或停车库的要求。其他相关规范要求如下：

《城市居住区规划设计规范》GB 50180—93（2002年版）

6.0.5 居住区内公共活动中心、集贸市场和人流较多的公共建筑，必须相应配建公共停车场（库），并应符合下列规定：

6.0.5.1 配建公共停车场（库）的停车位控制指标，应符合表6.0.5规定；

配建公共停车场(库)停车位控制指标　表6.0.5

名　称	单　位	自行车	机动车
公共中心	车位/100m² 建筑面积	≥7.5	≥0.45
商业中心	车位/100m² 营业面积	≥7.5	≥0.45
集贸市场	车位/100m² 营业场地	≥7.5	≥0.30
饮食店	车位/100m² 营业面积	≥3.6	≥0.30
医院、门诊所	车位/100m² 建筑面积	≥1.5	≥0.30

注：①本表机动车停车车位以小型汽车为标准当量表示；

②其他各型车辆停车位的换算办法，应符合本规范第11章中有关规定。

6.0.5.2 配建公共停车场（库）应就近设置，

并宜采用地下或多层车库。

8.0.6 居住区内必须配套设置居民汽车（含通勤车）停车场、停车库，并应符合下列规定：

8.0.6.1 居民汽车停车率不应小于10%；

8.0.6.2 居住区内地面停车率（居住区内居民汽车的停车位数量与居住户数的比率）不宜超过10%；

8.0.6.3 居民停车场、库的布置应方便居民使用，服务半径不宜大于150m；

8.0.6.4 居民停车场、库的布置应留有必要的发展余地。

《民用建筑设计通则》GB 50352—2005

3.6.1 新建、扩建的居住区应就近设置停车场（库）或将停车库附建在住宅建筑内。机动车和非机动车停车位数量应符合有关规范或当地城市规划行政主管部门的规定。

3.6.2 新建、扩建的公共建筑应按建筑面积或使用人数，并根据当地城市规划行政主管部门的规定，在建筑物内或在同一基地内，或统筹建设的停车场（库）内设置机动车和非机动车停车车位。

4.4　室外环境

4.4.1 新区的绿地率不应低于30%。

相关规范要求如下：

《城市居住区规划设计规范》GB 50180—93（2002年版）

7.0.1 居住区内绿地，应包括公共绿地、宅旁绿地、配套公建所属绿地和道路绿地，其中包括了满足当地植树绿化覆土要求、方便居民出入的地下或半地下建筑的屋顶绿地。

7.0.2 居住区内绿地应符合下列规定：

7.0.2.3 绿地率：新区建设不应低于30%；旧区改建不宜低于25%。

4.4.2 公共绿地总指标不应少于 $1m^2$/人。

相关规范要求如下：

《城市居住区规划设计规范》GB 50180—93（2002 年版）

7.0.5 居住区内公共绿地的总指标，应根据居住人口规模分别达到：组团不少于 0.5 m^2/人，小区（含组团）不少于 $1m^2$/人，居住区（含小区与组团）不少于 $1.5m^2$/人，并应根据居住区规划布局形式统一安排、灵活使用。

旧区改建可酌情降低，但不得低于相应指标的70%。

4.4.3 人工景观水体的补充水严禁使用自来水。无护栏水体的近岸 2m 范围内及园桥、汀步附近 2m 范围内，水深不应大于 0.5m。

常见的人工水体有人造水景的湖、小溪、瀑布及喷泉等，但属体育活动设施的游泳池不在此列。相关规范要求如下：

《公园设计规范》CJJ 48—92

第4.3.2条 硬底人工水体的近岸 2.0m 范围内的水深，不得大于 0.7m，达不到此要求的应设护栏。无护栏的园桥、汀步附近 2.0m 范围以内的水深不得大于 0.5m。

4.4.4 受噪声影响的住宅周边应采取防噪措施。

相关规范要求如下：

《民用建筑隔声设计规范》GB 50118—2010

4.3.2 当住宅建筑位于交通干线两侧或其他

高噪声环境区域时，应根据室外环境噪声状况及本章第4.1节规定的室内允许噪声级，确定住宅防噪措施和设计具有相应隔声性能的建筑围护结构（包括墙体、窗、门等构件）。

《民用建筑设计通则》GB 50352—2005

5.1.2 建筑布局应符合下列规定：

7 根据噪声源的位置、方向和强度，应在建筑功能分区、道路布置、建筑朝向、距离及地形、绿化和建筑物的屏障作用等方面采取综合措施，以防止或减少环境噪声；

4.5 竖 向

4.5.1 地面水的排水系统，应根据地形特点设计，地面排水坡度不应小于0.2%。

相关规范要求如下：

《城市居住区规划设计规范》GB 50180—93（2002年版）

9.0.4 居住区内地面水的排水系统，应根据地形特点设计。在山区和丘陵地区还必须考虑排洪要求。地面水排水方式的选择，应符合以下规定：

9.0.4.1 居住区内应采用暗沟（管）排除地面水；

9.0.4.2 在埋设地下暗沟（管）极不经济的陡坎、岩石地段，或在山坡冲刷严重，管沟易堵塞的地段，可采用明沟排水。

《民用建筑设计通则》GB 50352—2005

5.3.2 建筑基地地面排水应符合下列规定：

1 基地内应有排除地面及路面雨水至城市排水系统的措施，排水方式应根据城市规划的要求确定，有条件的地区应采取雨水回收利用措施；

2　采用车行道排泄地面雨水时，雨水口形式及数量应根据汇水面积、流量、道路纵坡长度等确定；

3　单侧排水的道路及低洼易积水的地段，应采取排雨水时不影响交通和路面清洁的措施。

《城市用地竖向规划规范》CJJ 83—99

8.0.2　城市用地地面排水应符合下列规定：

1　地面排水坡度不宜小于0.2%；坡度小于0.2%时宜采用多坡向或特殊措施排水；

2　地块的规划高程应比周边道路的最低路段高程高出0.2m以上；

3　用地的规划高程应高于多年平均地下水位。

4.5.2　住宅用地的防护工程设置应符合下列规定：

1　台阶式用地的台阶之间应用护坡或挡土墙连接，相邻台地间高差大于1.5m时，应在挡土墙或坡比值大于0.5的护坡顶面加设安全防护设施；

相关规范要求如下：

《城市用地竖向规划规范》CJJ 83—99

9.0.3　用地的防护工程设置，宜根据规划地面形式及所防护的灾害类别确定，主要采用护坡、挡土墙或堤、坝等。防护工程的设置应符合下列规定：

2　台阶式用地的台阶之间应用护坡或挡土墙连接，相邻台地间高差大于1.5m时，应在挡土墙或坡比值大于0.5的护坡顶加设安全防护设施；

2 土质护坡的坡比值不应大于0.5；

相关规范要求如下：

《城市用地竖向规划规范》CJJ 83—99

9.0.3 用地的防护工程设置，宜根据规划地面形式及所防护的灾害类别确定，主要采用护坡、挡土墙或堤、坝等。防护工程的设置应符合下列规定：

3 土质护坡的坡比值应小于或等于0.5；砌筑型护坡的坡比值宜为0.5～1.0；

3 高度大于2m的挡土墙和护坡的上缘与住宅间水平距离不应小于3m，其下缘与住宅间的水平距离不应小于2m。

相关规范要求如下：

《城市用地竖向规划规范》CJJ 83—99

5.0.3 挡土墙、护坡与建筑的最小间距应符合下列规定：

2 高度大于2m的挡土墙和护坡的上缘与建筑间水平距离不应小于3m，其下缘与建筑间的水平距离不应小于2m。

5 建 筑

5.1 套内空间

5.1.1 每套住宅应设卧室、起居室(厅)、厨房和卫生间等基本空间。

相关规范要求如下：

《住宅设计规范》GB 50096—1999（2003 年版）

3.1.1 住宅应按套型设计，每套住宅应设卧室、起居室（厅）、厨房和卫生间等基本空间。

5.1.2 厨房应设置炉灶、洗涤池、案台、排油烟机等设施或预留位置。

相关规范要求如下：

《住宅设计规范》GB 50096—1999（2003 年版）

3.3.3 厨房应设置洗涤池、案台、炉灶及排油烟机等设施或预留位置，按炊事操作流程排列，操作面净长不应小于 2.10m。

5.1.3 卫生间不应直接布置在下层住户的卧室、起居室(厅)、厨房、餐厅的上层。卫生间地面和局部墙面应有防水构造。

相对于其他规范，本条增加了卫生间不应直接布置在下层住户的餐厅上层的要求和局部墙面应有防水构造的要求。相关规范要求如下：

《住宅设计规范》GB 50096—1999（2003 年版）

3.4.3 卫生间不应直接布置在下层住户的卧室、起居室（厅）和厨房的上层，可布置在本套内的卧室、起居室（厅）和厨房上层；并均应有防水、隔声和便于检修的措施。

《住宅装饰装修工程施工规范》GB 50327—2001

15.3.3 各种卫生器具与台面、墙面、地面等接触部位均应采用硅酮胶或防水密封条密封。

《民用建筑设计通则》GB 50352—2005

6.5.1 厕所、盥洗室、浴室应符合下列规定：

1 建筑物的厕所、盥洗室、浴室不应直接布置在餐厅、食品加工、食品贮存、医药、医疗、变配电等有严格卫生要求或防水、防潮要求用房的上层；除本套住宅外，住宅卫生间不应直接布置在下层的卧室、起居室、厨房和餐厅的上层；

4 楼地面、楼地面沟槽、管道穿楼板及楼板接墙面处应严密防水、防渗漏；

5 楼地板、墙面或墙裙的面层应采用不吸水、不吸污、耐腐蚀、易清洗的材料。

6.12 楼地面

6.12.3 厕浴间、厨房等受水或非腐蚀性液体经常浸湿的楼地面应采用防水、防滑类面层，且应低于相邻楼地面，并设排水坡坡向地漏；厕浴间和有防水要求的建筑地面必须设置防水隔离层；楼层结构必须采用现浇混凝土或整块预制混凝土板，混凝土强度等级不应小于C20；楼板四周除门洞外，应做混凝土翻边，其高度不应小于120mm。

经常有水流淌的楼地面应低于相邻楼地面或设门槛等挡水设施，且应有排水措施，其楼地面应采用不吸水、易冲洗、防滑的面层材料，并应设置防水隔离层。

5.1.4 卫生间应设置便器、洗浴器、洗面器等设施或预留位置；布置便器的卫生间的门不应直接开在厨房内。

相关规范要求如下：

《住宅设计规范》GB 50096—1999（2003 年版）

3.4.1 每套住宅应设卫生间，第四类住宅宜设 2 个或 2 个以上卫生间。每套住宅至少应配置 3 件卫生洁具，不同洁具组合的卫生间使用面积不应小于下列规定：

1 设便器、洗浴器（浴缸或喷淋）、洗面器 3 件卫生洁具的为 $3m^2$；

2 设便器、洗浴器 2 件卫生洁具的为 $2.50m^2$；

3 设便器、洗面器 2 件卫生洁具的为 $2m^2$；

4 单设便器的为 $1.10m^2$；

3.4.2 无前室的卫生间的门不应直接开向起居室（厅）或厨房。

5.1.5 外窗窗台距楼面、地面的净高低于 0.90m 时，应有防护设施。六层及六层以下住宅的阳台栏杆净高不应低于 1.05m，七层及七层以上住宅的阳台栏杆净高不应低于 1.10m。阳台栏杆应有防护措施。防护栏杆的垂直杆件间净距不应大于 0.11m。

相关规范要求如下：

《住宅设计规范》GB 50096—1999（2003 年版）

3.7.2 阳台栏杆设计应防止儿童攀登，栏杆的垂直杆件间净距不应大于 0.11m；放置花盆处必须采取防坠落措施。

3.7.3 低层、多层住宅的阳台栏杆净高不应低于 1.05m，中高层、高层住宅的阳台栏杆净高不应低于 1.10m。封闭阳台栏杆也应满足阳台栏杆净高要求。中高层、高层住宅及寒冷、严寒地区住宅的阳台宜采用实心栏板。

3.9 门窗

3.9.1 外窗窗台距楼面、地面的净高低于 0.90m 时，应有防护设施，窗外有阳台或平台时可不受此限制。

《民用建筑设计通则》GB 50352—2005

6.6.3 阳台、外廊、室内回廊、内天井、上人屋面及室外楼梯等临空处应设置防护栏杆，并应符合下列规定：

1 栏杆应以坚固、耐久的材料制作，并能承受荷载规范规定的水平荷载；

2 临空高度在24m以下时，栏杆高度不应低于1.05m，临空高度在24m及24m以上（包括中高层住宅）时，栏杆高度不应低于1.10m；

注：栏杆高度应从楼地面或屋面至栏杆扶手顶面垂直高度计算，如底部有宽度大于或等于0.22m，且高度低于或等于0.45m的可踏部位，应从可踏部位顶面起计算。

3 栏杆离楼面或屋面0.10m高度内不宜留空；

4 住宅、托儿所、幼儿园、中小学及少年儿童专用活动场所的栏杆必须采用防止少年儿童攀登的构造，当采用垂直杆件做栏杆时，其杆件净距不应大于0.11m；

《城市道路和建筑物无障碍设计规范》JGJ 50—2001

7.12.6 门、窗和墙面无障碍设计应符合下列规定：

4. 外窗窗台距地面的净高不应大于0.80m，同时应设防护设施；

《老年人居住建筑设计标准》GB/T 50340—2003

4.13.1 老年人住宅和老年人公寓应设阳台，养老院、护理院、托老所的居室宜设阳台。

4.13.2 阳台栏杆的高度不应低于1.10m。

4.13.3 老年人设施的阳台宜作为紧急避难通道。

4.13.4 宜设便于老年人使用的晾衣装置和花台。

5.1.6 卧室、起居室（厅）的室内净高不应低于2.40m，局部净高不应低于2.10m，局部净高的面积不应大于室内使用面积的1/3。利用坡屋顶内空间作卧室、起居室（厅）时，其1/2使用面积的室内净高不应低于2.10m。

相关规范要求如下：

《住宅设计规范》GB 50096—1999（2003年版）

3.6.2 卧室、起居室（厅）的室内净高不应低于2.40m，局部净高不应低于2.10m，且其面积不应大于室内使用面积的1/3。

3.6.3 利用坡屋顶内空间作卧室、起居室（厅）时，其1/2面积的室内净高不应低于2.10m。

《民用建筑设计通则》GB 50352—2005

6.2.2 室内净高应按楼地面完成面至吊顶或楼板或梁底面之间的垂直距离计算；当楼盖、屋盖的下悬构件或管道底面影响有效使用空间者，应按楼地面完成面至下悬构件下缘或管道底面之间的垂直距离计算。

5.1.7 阳台地面构造应有排水措施。

相关规范要求如下：

《住宅设计规范》GB 50096—1999（2003年版）

3.7.5 阳台、雨罩均应做有组织排水；雨罩应做防水，阳台宜做防水。

5.2 公共部分

5.2.1 走廊和公共部位通道的净宽不应小于1.20m，局部净高不应低于2.00m。

相关规范要求如下：

《住宅设计规范》GB 50096—1999（2003年版）

4.1.4 楼梯平台净宽不应小于楼梯梯段净宽，且不得小于1.20m。楼梯平台的结构下缘至人行通道的垂直高度不应低于2m。入口处地坪与室外地面应有高差，并不应小于0.10m。

4.2.2 高层住宅中作主要通道的外廊宜作封

闭外廊，并设可开启的窗扇。走廊通道的净宽不应小于1.20m。

5.2.2 外廊、内天井及上人屋面等临空处栏杆净高，六层及六层以下不应低于1.05m；七层及七层以上不应低于1.10m。栏杆应防止攀登，垂直杆件间净距不应大于0.11m。

相关规范要求如下：

《住宅设计规范》GB 50096—1999（2003年版）

4.2.1 外廊、内天井及上人屋面等临空处栏杆净高，低层、多层住宅不应低于1.05m，中高层、高层住宅不应低于1.10m，栏杆设计应防止儿童攀登，垂直杆件间净空不应大于0.11m。

《民用建筑设计通则》GB 50352—2005

6.6.3 阳台、外廊、室内回廊、内天井、上人屋面及室外楼梯等临空处应设置防护栏杆，并应符合下列规定：

1 栏杆应以坚固、耐久的材料制作，并能承受荷载规范规定的水平荷载；

2 临空高度在24m以下时，栏杆高度不应小于1.05m，临空高度在24m及24m以上（包括中高层住宅）时，栏杆高度不应低于1.10m；

注：栏杆高度应从楼地面或屋面至栏杆扶手顶面垂直高度计算，如底部有宽度大于或等于0.22m，且高度低于或等于0.45m的可踏部位，应从可踏部位顶面起计算。

3 栏杆离楼面或屋面0.10m高度内不宜留空；

4 住宅、托儿所、幼儿园、中小学及少年儿童专用活动场所的栏杆必须采用防止少年儿童攀登的构造，当采用垂直杆件做栏杆时，其杆件净距不应大于0.11m；

5.2.3 楼梯梯段净宽不应小于1.10m。六层及六层以下住宅，一边设有栏杆的梯段净宽不应小于1.00m。楼梯踏步宽度不应小于0.26m，踏步高度不应大于0.175m。扶手高度不应小于0.90m。楼梯水平段栏杆长度大于0.50m时，其扶手高度不应小于1.05m。楼梯栏杆垂直杆件间净距不应大于0.11m。楼梯井净宽大于0.11m时，必须采取防止儿童攀滑的措施。

相关规范要求如下：

《住宅设计规范》GB 50096—1999（2003年版）

4.1.2 楼梯梯段净宽不应小于1.10m。六层及六层以下住宅，一边设有栏杆的梯段净宽不应小于1m。

注：楼梯梯段净宽系指墙面至扶手中心之间的水平距离。

4.1.3 楼梯踏步宽度不应小于0.26m，踏步高度不应大于0.175m。扶手高度不应小于0.90m。楼梯水平段栏杆长度大于0.50m时，其扶手高度不应小于1.05m。楼梯栏杆垂直杆件间净空不应大于0.11m。

4.1.5 楼梯井净宽大于0.11m时，必须采取防止儿童攀滑的措施。

《民用建筑设计通则》GB 50352—2005

6.7.7 室内楼梯扶手高度自踏步前缘线量起不宜小于0.90m。靠楼梯井一侧水平扶手长度超过0.50m时，其高度不应小于1.05m。

6.7.8 踏步应采取防滑措施。

6.7.10 楼梯踏步的高宽比应符合表6.7.10的规定。

楼梯踏步最小宽度和最大高度(m) 表6.7.10

楼梯类别	最小宽度	最大高度
住宅共用楼梯	0.26	0.175

5.2.4 住宅与附建公共用房的出入口应分开布置。住宅的公共出入口位

相关规范要求如下：

《住宅设计规范》GB 50096—1999（2003年版）

4.2.3 住宅的公共出入口位于阳台、外廊及开敞楼梯平台的下部时，应采取设置雨罩等防

于阳台、外廊及开敞楼梯平台的下部时，应采取防止物体坠落伤人的安全措施。

止物体坠落伤人的安全措施。

4.5 附建公共用房

4.5.4 住宅与附建公共用房的出入口应分开布置。

5.2.5 七层以及七层以上的住宅或住户入口层楼面距室外设计地面的高度超过16m以上的住宅必须设置电梯。

相关规范要求如下：

《住宅设计规范》GB 50096—1999（2003年版）

4.1.6 七层及以上住宅或住户入口层楼面距室外设计地面的高度超过16m以上的住宅必须设置电梯。

注：1 底层作为商店或其他用房的多层住宅，其住户入口层楼面距该建筑物的室外设计地面高度超过16m时必须设置电梯。

2 底层做架空层或贮存空间的多层住宅，其住户入口层楼面距该建筑物的室外设计地面高度超过16m时必须设置电梯。

3 顶层为两层一套的跃层住宅时，跃层部分不计层数。其顶层住户入口层楼面距该建筑物室外设计地面的高度不超过16m时，可不设电梯。

4 住宅中间层有直通室外地面的出入口并具有消防通道时，其层数可由中间层起计算。

4.1.7 十二层及以上的高层住宅，每栋楼设置电梯不应少于2台，其中宜配置1台可容纳担架的电梯。

4.1.8 高层住宅电梯宜每层设站。当住宅电梯非每层设站时，不设站的层数不应超过2层。塔式和通廊式高层住宅电梯宜成组集中布置。单元式高层住宅每单元只设1部电梯时应采用联系廊联通。

4.1.9 候梯厅深度不应小于多台电梯中最大轿箱的深度，且不得小于1.50m。

5.2.6 住宅建筑中设有管理人员室时，应设管理人员使用的卫生间。

条文说明：根据居住实态调查，随着居住生活模式变化，住宅管理人员和各种服务人员大量增加，若住宅建筑中不设相应卫生间，将构成公共卫生难题。

（其他规范尚未见具体规定）

5.3 无障碍要求

5.3.1 七层及七层以上的住宅，应对下列部位进行无障碍设计：

1 建筑入口；

2 入口平台；

3 候梯厅；

4 公共走道；

5 无障碍住房。

相关规范要求如下：

《城市道路和建筑物无障碍设计规范》JGJ 50—2001

5.2.1 高层、中高层住宅及公寓建筑进行无障碍设计的范围应符合表5.2.1的规定。

无障碍设计的范围　　表5.2.1

建筑类别	设计部位
• 高层住宅 • 中高层住宅 • 高层公寓 • 中高层公寓	1. 建筑入口 2. 入口平台 3. 候梯厅 4. 电梯轿厢 5. 公共走道 6. 无障碍住房

注：高层、中高层住宅及公寓建筑，每50套住房宜设两套符合乘轮椅者居住的无障碍住房套型。

5.2.2 设有残疾人住房的多层、低层住宅及公寓建筑进行无障碍设计的范围应符合表5.2.2的规定。

无障碍设计的范围 表 5.2.2

建筑类别	设计部位
• 多层住宅 • 低层住宅 • 多层公寓 • 低层公寓	1. 建筑入口 2. 入口平台 3. 公共走道 4. 楼梯 5. 无障碍住房

注：多层、低层住宅及公寓建筑，每100套住房宜设2~4套符合乘轮椅者居住的无障碍住房套型。

5.3.2 建筑入口及入口平台的无障碍设计应符合下列规定：

1 建筑入口设台阶时，应设轮椅坡道和扶手；

相关规范要求如下：

《城市道路和建筑物无障碍设计规范》JGJ 50—2001

7.1.2 公共建筑与高层、中高层居住建筑入口设台阶时，必须设轮椅坡道和扶手。

2 坡道的坡度应符合表 5.3.2 的规定；

坡道的坡度 表 5.3.2

高度(m)	1.00	0.75	0.60	0.35
坡度	≤1∶16	≤1∶12	≤1∶10	≤1∶8

相关规范要求如下：

《城市道路和建筑物无障碍设计规范》JGJ 50—2001

7.2.4 不同位置的坡道，其坡度和宽度应符合表 7.2.4 的规定。

不同位置的坡道坡度和宽度 表 7.2.4

坡道位置	最大坡度	最小宽度(m)
1. 有台阶的建筑入口	1∶12	≥1.20
2. 只设坡道的建筑入口	1∶20	≥1.50
3. 室内走道	1∶12	≥1.00
4. 室外通路	1∶20	≥1.50
5. 困难地段	1∶10~1∶8	≥1.20

7.2.5 坡道在不同坡度的情况下，坡道高度和水平长度应符合表7.2.5的规定（图7.2.5）。

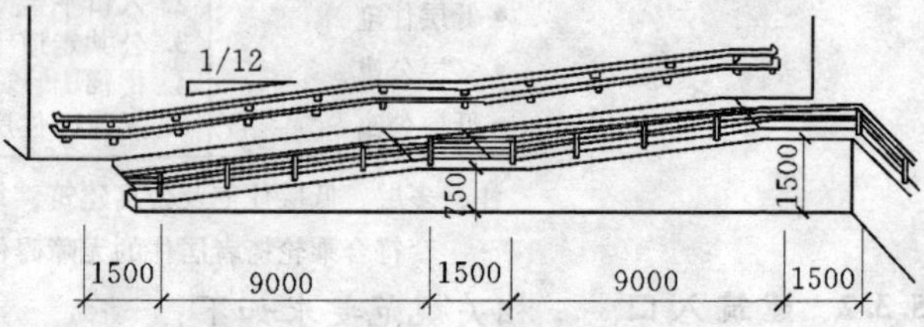

图7.2.5 1：12坡道高度和水平长度

不同坡度高度和水平长度 表7.2.5

坡 度	1：20	1：16	1：12	1：10	1：8
最大高度（m）	1.50	1.00	0.75	0.60	0.35
水平长度（m）	30.00	16.00	9.00	6.00	2.80

7.2.6 1：10～1：8坡度的坡道应只限用于受场地限制改建的建筑物和室外通路。

7.2.7 坡道的坡面应平整，不应光滑。

3 供轮椅通行的门净宽不应小于0.80 m；

相关规范要求如下：

《城市道路和建筑物无障碍设计规范》JGJ 50—2001

7.4.1 供残疾人使用的门应符合下列规定：

3 轮椅通行门的净宽应符合表7.4.1的规定。

门的净宽 表7.4.1

类 别	净 宽（m）
1. 自动门	≥1.00
2. 推拉门、折叠门	≥0.80
3. 平开门	≥0.80
4. 弹簧门（小力度）	≥0.80

4 供轮椅通行的推拉门和平开门，在门把手一侧的墙面，应留有不小于0.5m的墙面宽度；

相关规范要求如下：

《城市道路和建筑物无障碍设计规范》JGJ 50—2001

7.4.1 供残疾人使用的门应符合下列规定：

4 乘轮椅者开启的推拉门和平开门，在门把手一侧的墙面，应留有不小于0.5m的墙面宽度（图7.4.1-1）；

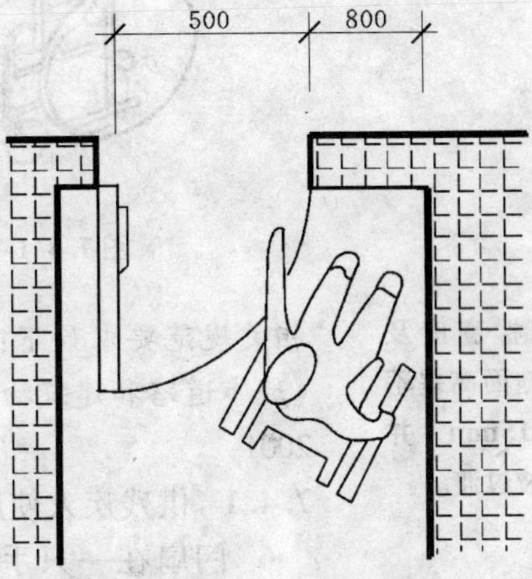

图7.4.1-1 门把手一侧墙面宽度（mm）

5 供轮椅通行的门扇，应安装视线观察玻璃、横执把手和关门拉手，在门扇的下方应安装高0.35m的护门板；

相关规范要求如下：

《城市道路和建筑物无障碍设计规范》JGJ 50—2001

7.4.1 供残疾人使用的门应符合下列规定：

5 乘轮椅者开启的门扇，应安装视线观察玻璃、横执把手和关门拉手，在门扇的下方应安装高0.35m的护门板（图7.4.1-2）；

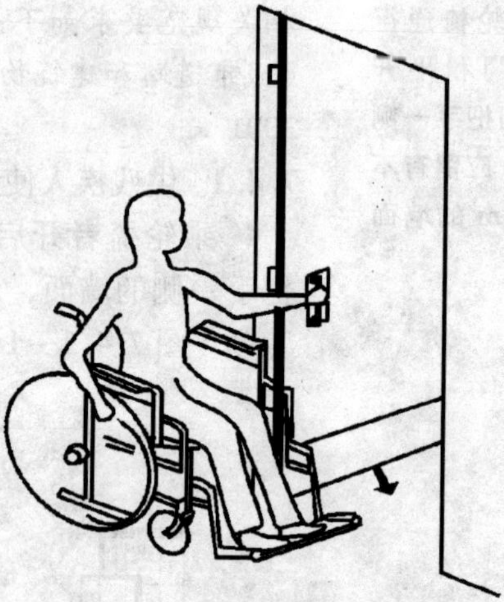

图 7.4.1－2 门扇关门拉手

6 门槛高度及门内外地面高差不应大于 15mm，并应以斜坡过渡。

相关规范要求如下：

《城市道路和建筑物无障碍设计规范》JGJ 50—2001

7.4.1 供残疾人使用的门应符合下列规定：

6 门扇在一只手操纵下应易于开启，门槛高度及门内外地面高差不应大于 15mm，并应以斜面过渡。

5.3.3 七层及七层以上住宅建筑入口平台宽度不应小于 2.00m。

相关规范要求如下：

《城市道路和建筑物无障碍设计规范》JGJ 50—2001

7.1.3 建筑入口轮椅通行平台最小宽度应符合表 7.1.3 的规定。

入口平台宽度 表 7.1.3

建筑类别	入口平台最小宽度（m）
1. 大、中型公共建筑	≥2.00
2. 小型公共建筑	≥1.50
3. 中、高层建筑、公寓建筑	≥2.00
4. 多、低层无障碍住宅、公寓建筑	≥1.50
5. 无障碍宿舍建筑	≥1.50

5.3.4 供轮椅通行的走道和通道净宽不应小于 1.20m。

相关规范要求如下：

《城市道路和建筑物无障碍设计规范》JGJ 50—2001

7.3.1 乘轮椅者通行的走道和通路最小宽度应符合表 7.3.1 的规定。

轮椅通行最小宽度 表 7.3.1

建筑类别	最小宽度（m）
1. 大型公共建筑走道	≥1.80
2. 中小型公共建筑走道	≥1.50
3. 检票口、结算口轮椅通道	≥0.90
4. 居住建筑走廊	≥1.20
5. 建筑基地人行通路	≥1.50

5.4 地下室

5.4.1 住宅的卧室、起居室（厅）、厨房不应布置在地下室。当布置在半地下室时，必须采取采光、通风、日照、防潮、排水及安全防护措施。

相关规范要求如下：

《住宅设计规范》GB 50096—1999（2003 年版）

4.4.1 住宅不应布置在地下室内。当布置在半地下室时，必须对采光、通风、日照、防潮、排水及安全防护采取措施。

4.4.3 地下室、半地下室应采取防水、防潮及通风措施；采光井应采取排水措施。

5.4.2 住宅地下机动车库应符合下列规定：

1 库内坡道严禁将宽的单车道兼作双车道。

《民用建筑设计通则》GB 50352—2005

6.3.2 地下室、半地下室作为主要用房使用时，应符合安全、卫生的要求，并应符合下列要求：

1 严禁将幼儿、老年人生活用房设在地下室或半地下室；

2 居住建筑中的居室不应布置在地下室内；当布置在半地下室时，必须对采光、通风、日照、防潮、排水及安全防护采取措施；

相关规范要求如下：

《汽车库建筑设计规范》JGJ 100—98

4.1.6 汽车库内坡道可采用直线型、曲线型。可以采用单车道或双车道，其最小净宽应符合表4.1.6的规定。严禁将宽的单车道兼作双车道。

坡道最小宽度　　表4.1.6

坡道型式	计算宽度	最小宽度（m）	
		微型、小型车	中型、大型、绞接车
直线单行	单车宽+0.8	3.0	3.5
直线双行	双车宽+2.0	5.5	7.0
曲线单行	单车宽+1.0	3.8	5.0
曲线双行	双车宽+2.2	7.0	10.0

注：此宽度不包括道牙及其他分隔带宽度。

2 库内不应设置修理车位，并不应设置使用或存放易燃、易爆物品的房间。

相关规范要求如下：

《汽车库、修车库、停车场设计防火规范》GB 50067—97

4.1.6 地下汽车库内不应设置修理车位、喷漆间、充电间、乙炔间和甲、乙类物品贮存室。

5.1.7 汽车库内设置修理车位时，停车部位与修车部位之间应设耐火极限不低于3.00h的不燃烧体隔墙和2.00h的不燃烧体楼板分隔。

《汽车库建筑设计规范》JGJ 100—98

4.2.13 地下汽车库内不应设置修理车位，并不应设有使用易燃、易爆物品的房间或存放的库房。

3 库内车道净高不应低于2.20m。车位净高不应低于2.00m。

相关规范要求如下：

《住宅设计规范》GB 50096—1999（2003年版）

4.4.2 地下室、半地下室作贮藏间、自行车库和设备用房使用时，其净高不得低于2m；当作汽车库时，应符合现行行业标准《汽车库建筑设计规范》（JGJ 100）的有关规定。

《汽车库建筑设计规范》JGJ 100—98

4.1.13 汽车库室内最小净高应符合表4.1.13的规定。

汽车库内室内最小净高 表4.1.13

车 型	最小净高（m）
微型车、小型车	2.20
轻型车	2.80
中、大型、绞接客车	3.40
中、大型、绞接货车	4.20

注：净高指楼地面表面至顶棚或其他构件底面的距离，未计入设备及管道所需空间。

4 库内直通住宅单元的楼（电）梯间应设门，严禁利用楼（电）梯间进行自然通风。

相关规范要求如下：

《汽车库、修车库、停车场设计防火规范》GB 50067—97

6.0.3 汽车库、修车库的室内疏散楼梯应设置封闭楼梯间。建筑高度超过32m的高层汽车库的室内疏散楼梯应设置防烟楼梯间，楼梯间和前室的门应向疏散方向开启。地下汽车库和高层汽车库以及设在高层建筑裙房内的汽车库，其楼梯间、前室的门应采用乙级防火门。疏散楼梯的宽度不应小于1.1m。

5.4.3 住宅地下自行车库净高不应低于2.00m。

相关规范要求如下：

《住宅设计规范》GB 50096—1999（2003年版）

4.4.2 地下室、半地下室作贮藏间、自行车库和设备用房使用时，其净高不得低于2m；当作汽车库时，应符合现行行业标准《汽车库建筑设计规范》（JGJ 100）的有关规定。

5.4.4 住宅地下室应采取有效防水措施。

住宅的地下室包括车库、储藏间等。相关规范要求如下：

《住宅设计规范》GB 50096—1999（2003年版）

4.4.3 地下室、半地下室应采取防水、防潮及通风措施；采光井应采取排水措施。

《民用建筑设计通则》GB 50352—2005

6.3.3 地下室平面外围护结构应规整，其防水等级及技术要求除应符合现行国家标准《地下工程防水技术规范》GB 50108的规定外，尚应符合下列规定：

1 地下室应在一处或若干处地面较低点设集水坑，并预留排水泵电源及排水管道；

2 地下管道、地下管沟、地下坑井、地漏、窗井等处应有防止涌水、倒灌的措施。

6 结　构

6.1 一般规定

6.1.1 住宅结构的设计使用年限不应少于50年，其安全等级不应低于二级。

相关规范要求如下：

《建筑结构可靠度设计统一标准》GB 50068—2001

1.0.5 结构的设计使用年限应按表1.0.5采用。

设计使用年限分类　　表1.0.5

类别	设计使用年限（年）	示　例
1	5	临时性结构
2	25	易于替换的结构构件
3	50	普通房屋和构筑物
4	100	纪念性建筑和特别重要的建筑结构

1.0.8 建筑结构设计时，应根据结构破坏可能产生的后果（危及人的生命、造成经济损失、产生社会影响等）的严重性，采用不同的安全等级。建筑结构安全等级的划分应符合表1.0.8的要求。

建筑结构的安全等级　　表1.0.8

安全等级	破坏后果	建筑物类型
一级	很严重	重要的房屋
二级	严重	一般的房屋
三级	不严重	次要的房屋

注：①对特殊的建筑物，其安全等级应根据具体情况另行确定；

②地基基础设计安全等级及按抗震要求设计时建筑结构的安全等级，尚应符合国家现行有关规范的规定。

6.1.2 抗震设防烈度为6度及以上地区的住宅结构必须进行抗震设计，其抗震设防类别不应低于丙类。

相关规范要求如下：

《建筑抗震设计规范》GB 50011—2010

1.0.2 抗震设防烈度为6度及以上地区的建筑，必须进行抗震设计。

1.0.4 抗震设防烈度必须按国家规定的权限审批、颁发的文件（图件）确定。

3.1.1 抗震设防的所有建筑应按现行国家标准《建筑工程抗震设防分类标准》GB 50223确定其抗震设防类别及其抗震设防标准。

3.1.2 抗震设防烈度为6度时，除本规范有具体规定外，对乙、丙、丁类的建筑可不进行地震作用计算。

《建筑工程抗震设防分类标准》GB 50223—2008

1.0.3 抗震设防区的所有建筑工程应确定其抗震设防类别。

新建、改建、扩建的建筑工程，其抗震设防类别不应低于本标准的规定。

3.0.1 建筑抗震设防类别划分，应根据下列因素的综合分析确定：

1 建筑破坏造成的人员伤亡、直接和间接经济损失及社会影响的大小。

2 城镇的大小、行业的特点、工矿企业的规模。

3 建筑使用功能失效后，对全局的影响范围大小、抗震救灾影响及恢复的难易程度。

4 建筑各区段的重要性有显著不同时，可按区段划分抗震设防类别。下部区段的类别不应低于上部区段。

5 不同行业的相同建筑，当所处地位及地震破坏所产生的后果和影响不同时，其抗震设防类别可不相同。

注：区段指由防震缝分开的结构单元、平面内使用功能不同的部分、或上下使用功能不同的部分。

3.0.2 建筑工程应分为以下四个抗震设防类别：

1 特殊设防类：指使用上有特殊设施，涉及国家公共安全的重大建筑工程和地震时可能发生严重次生灾害等特别重大灾害后果，需要进行特殊设防的建筑。简称甲类。

2 重点设防类：指地震时使用功能不能中断或需尽快恢复的生命线相关建筑，以及地震时可能导致大量人员伤亡等重大灾害后果，需要提高设防标准的建筑。简称乙类。

3 标准设防类：指大量的除1、2、4款以外按标准要求进行设防的建筑。简称丙类。

4 适度设防类：指使用上人员稀少且震损不致产生次生灾害，允许在一定条件下适度降低要求的建筑。简称丁类。

3.0.3 各抗震设防类别建筑的抗震设防标准，应符合下列要求：

1 标准设防类，应按本地区抗震设防烈度确定其抗震措施和地震作用，达到在遭遇高于当地抗震设防烈度的预估罕遇地震影响时不致倒塌或发生危及生命安全的严重破坏的抗震设防目标。

2 重点设防类，应按高于本地区抗震设防烈度一度的要求加强其抗震措施；但抗震设防烈度为 9 度时应按比 9 度更高的要求采取抗震措施；地基基础的抗震措施，应符合有关规定。同时，应按本地区抗震设防烈度确定其地震作用。

3 特殊设防类，应按高于本地区抗震设防烈度提高一度的要求加强其抗震措施；但抗震设防烈度为 9 度时应按比 9 度更高的要求采取抗震措施。同时，应按批准的地震安全性评价的结果且高于本地区抗震设防烈度的要求确定其地震作用。

4 适度设防类，允许比本地区抗震设防烈度的要求适当降低其抗震措施，但抗震设防烈度为 6 度时不应降低。一般情况下，仍应按本地区抗震设防烈度确定其地震作用。

注：对于划为重点设防类而规模很小的工业建筑，当改用抗震性能较好的材料且符合抗震设计规范对结构体系的要求时，允许按标准设防类设防。

3.0.4 本标准仅列出主要行业的抗震设防类别的建筑示例；使用功能、规模与示例类似或相近的建筑，可按该示例划分其抗震设防类别。本标准未列出的建筑宜划为标准设防类。

6.0.12 居住建筑的抗震设防类别不应低于标准设防类。

6.1.3 住宅结构设计应取得合格的岩土工程勘察文件。对不利地段，应提出避开要求或采取有效措施；严禁在抗震危险地段建造住宅建筑。

相关规范要求如下：

《建筑地基基础设计规范》GB 50007—2002

1.0.2 地基基础设计，必须坚持因地制宜、就地取材、保护环境和节约资源的原则；根据岩土工程勘察资料，综合考虑结构类型、材料情况与施工条件等因素，精心设计。

3.0.3 地基基础设计前应进行岩土工程勘察，并应符合下列规定：

1 岩土工程勘察报告应提供下列资料：

（**1**）有无影响建筑场地稳定性的不良地质条件及其危害程度；

（**2**）建筑物范围内的地层结构及其均匀性，以及各岩土层的物理力学性质；

（**3**）地下水埋藏情况、类型和水位变化幅度及规律，以及对建筑材料的腐蚀性；

（**4**）在抗震设防区应划分场地土类型和场地类别，并对饱和砂土及粉土进行液化判别；

（**5**）对可供采用的地基基础设计方案进行论证分析，提出经济合理的设计方案建议；提供与设计要求相对应的地基承载力及变形计算参数，并对设计与施工应注意的问题提出建议；

（**6**） 当工程需要时，尚应提供：

1）深基坑开挖的边坡稳定计算和支护设计所需的岩土技术参数，论证其对周围已有建筑物和地下设施的影响；

2）基坑施工降水的有关技术参数及施工降水方法的建议；

3）提供用于计算地下水浮力的设计水位。

《岩土工程勘察规范》GB 50021—2001（2009 年版）

4.1.1 房屋建筑和构筑物（以下简称建筑物）的岩土工程勘察，应在搜集建筑物上部荷载、功能特点、结构类型、基础形式、埋置深度和变形限制等方面资料的基础上进行。其主要工作内容应符合下列规定：

1 查明场地和地基的稳定性、地层结构、持力层和下卧层的工程特性、土的应力历史和地下水条件以及不良地质作用等；

2 提供满足设计、施工所需的岩土参数，确定地基承载力，预测地基变形性状；

3 提出地基基础、基坑支护、工程降水和地基处理设计与施工方案的建议；

4 提出对建筑物有影响的不良地质作用的防治方案建议；

5 对于抗震设防烈度等于或大于 6 度的场地，进行场地与地基的地震效应评价。

5.7.2 在抗震设防烈度等于或大于 6 度的地区进行勘察时，应确定场地类别。当场地位于抗震危险地段时，应根据现行国家标准《建筑抗震设计规范》GB 50011 的要求，提出专门研究的建议。

6.1.4 住宅结构应能承受在正常建造和正常使用过程中可能发生的各种作用和环境影响。在

相关规范要求如下：

《建筑结构可靠度设计统一标准》GB 50068—2001

1.0.7 结构在规定的设计使用年限内应满足下列功能要求：

结构设计使用年限内，住宅结构和结构构件必须满足安全性、适用性和耐久性要求。

1 在正常施工和正常使用时，能承受可能出现的各种作用；

2 在正常使用时具有良好的工作性能；

3 在正常维护下具有足够的耐久性能；

4 在设计规定的偶然事件发生时及发生后，仍能保持必需的整体稳定性。

《混凝土结构设计规范》GB 50010—2010

3.1.1 混凝土结构设计应包括下列内容：

1 结构方案设计，包括结构选型、构件布置及传力途径；

2 作用及作用效应分析；

3 结构的极限状态设计；

4 结构及构件的构造、连接措施；

5 耐久性及施工的要求；

6 满足特殊要求结构的专门性能设计。

3.1.2 本规范采用以概率理论为基础的极限状态设计方法，以可靠指标度量结构构件的可靠度，采用分项系数的设计表达式进行设计。

3.1.3 混凝土结构的极限状态设计应包括：

1 承载能力极限状态：结构或结构构件达到最大承载力、出现疲劳破坏或发生不适于继续承载的变形或因结构局部破坏而引发的连续倒塌；

2 正常使用极限状态：结构或结构构件达到正常使用的某项规定限值或耐久性能的某种规定状态。

3.1.4 结构上的直接作用（荷载）应根据现行国家标准《建筑结构荷载规范》GB 50009

及相关标准确定；地震作用应根据现行国家标准《建筑抗震设计规范》GB 50011 确定。

间接作用和偶然作用应根据有关的标准或具体条件确定。

直接承受吊车荷载的结构构件应考虑吊车荷载的动力系数。预制构件制作、运输及安装时应考虑相应的动力系数。对现浇结构，必要时应考虑施工阶段的荷载。

3.1.5 混凝土结构的安全等级和设计使用年限应符合现行国家标准《工程结构可靠性设计统一标准》GB 50153 的规定。

混凝土结构中各类结构构件的安全等级，宜与整个结构的安全等级相同。对其中部分结构构件的安全等级，可根据其重要程度适当调整。对于结构中重要构件和关键传力部位，宜适当提高其安全等级。

3.1.6 混凝土结构设计应考虑施工技术水平以及实际工程条件的可行性。有特殊要求的混凝土结构，应提出相应的施工要求。

3.1.7 设计应明确结构的用途，在设计使用年限内未经技术鉴定或设计许可，不得改变结构的用途和使用环境。

3.2.1 混凝土结构的设计方案应符合下列要求：

1 选用合理的结构体系、构件形式和布置；

2 结构的平、立面布置宜规则，各部分的质量和刚度宜均匀、连续；

3 结构传力途径应简捷、明确，竖向构件宜连续贯通、对齐；

4 宜采用超静定结构，重要构件和关键传力部位应增加冗余约束或有多条传力途径。

5 宜采取减小偶然作用的影响范围。

3.2.2 混凝土结构中结构缝的设计应符合下列要求：

1 应根据结构受力特点及建筑尺度、形状、使用功能要求，合理确定结构缝的位置和构造形式；

2 宜控制结构缝的数量，并应采取有效措施减少设缝对使用功能的不利影响；

3 可根据需要设置施工阶段的临时性结构缝。

3.2.3 结构构件的连接应符合下列要求：

1 连接部位的承载力应保证被连接构件之间的传力性能；

2 当混凝土构件与其他材料构件连接时，应采取可靠的措施；

3 应考虑构件变形对连接节点及相邻结构或构件造成的影响。

3.2.4 混凝土结构设计应符合节省材料、方便施工、降低能耗与保护环境的要求：

3.5.1 混凝土结构应根据设计使用年限和环境类别进行耐久性设计，耐久性设计包括下列内容：

1 确定结构所处的环境类别；

2 提出对混凝土材料的耐久性基本要求；

3 确定构件中钢筋的混凝土保护层厚度；

4 不同环境条件下的耐久性技术措施；

5 提出结构使用阶段的检测与维护要求。

注：对临时性的混凝土结构，可不考虑混凝土的耐久性要求。

3.5.3 设计使用年限为50年的混凝土结构，其混凝土材料宜符合表3.5.3的规定。

结构混凝土材料的耐久性基本要求　　表 3.5.3

<table>
<tr><th>环境等级</th><th>最大水胶比</th><th>最低强度等级</th><th>最大氯离子含量（%）</th><th>最大碱含量（kg/m³）</th></tr>
<tr><td>一</td><td>0.60</td><td>C20</td><td>0.30</td><td>不限制</td></tr>
<tr><td>二 a</td><td>0.55</td><td>C25</td><td>0.20</td><td rowspan="4">3.0</td></tr>
<tr><td>二 b</td><td>0.50（0.55）</td><td>C30（C25）</td><td>0.15</td></tr>
<tr><td>三 a</td><td>0.45（0.50）</td><td>C35（C30）</td><td>0.15</td></tr>
<tr><td>三 b</td><td>0.40</td><td>C40</td><td>0.10</td></tr>
</table>

注：① 氯离子含量系指其占胶凝材料总量的百分比；
② 预应力构件混凝土中的最大氯离子含量为 0.05%；其最低混凝土强度等级宜按表中的规定提高两个等级；
③ 素混凝土构件的水胶比及最低强度等级的要求可适当放松；
④ 有可靠工程经验时，二类环境中的最低混凝土强度等级可降低一个等级；
⑤ 处于严寒和寒冷地区二 b、三 a 类环境中的混凝土应使用引气剂，并可采用括号中的有关参数；
⑥ 当使用非碱活性骨料时，对混凝土中的碱含量可不作限制。

3.5.5 一类环境中，设计使用年限为 100 年的混凝土结构应符合下列规定：

1 钢筋混凝土结构的最低强度等级为 C30；预应力混凝土结构的最低强度等级为 C40；

2 混凝土中的最大氯离子含量为 0.06%；

3 宜使用非碱活性骨料，当使用碱活性骨料时，混凝土中的最大碱含量为 3.0kg/m³；

4 混凝土保护层厚度应符合本规范第 8.2.1 条的规定；当采取有效的表面防护措施时，混凝土保护层厚度可适当减小。

3.5.6 二、三类环境中，设计使用年限 100 年的混凝土结构应采取专门的有效措施。

《民用建筑可靠性鉴定标准》GB 50292—1999

4.2.3 当混凝土结构构件的安全性按构造评定时，应按表4.2.3的规定，分别评定两个检查项目的等级，然后取其中较低一级作为该构件构造的安全性等级。

混凝土结构构件构造等级的评定　　表4.2.3

检查项目	a_u 级或 b_u 级	c_u 级或 d_u 级
连接（或节点）构造	连接方式正确，构造符合国家现行设计规范要求，无缺陷，或仅有局部的表面缺陷，工作无异常	连接方式不当，构造有严重缺陷，已导致焊缝或螺栓等发生明显变形、滑移、局部拉脱、剪坏或裂缝
受力预埋件	构造合理，受力可靠，无变形、滑移、松动或其他损坏	构造有严重缺陷，已导致预埋件发生明显变形、滑移、松动或其他损坏

注：① 评定结果取 a_u 级或 b_u 级，可根据其实际完好程度确定；评定结果取 c_u 级或 d_u 级，可根据其实际严重程度确定；
② 构件支承长度的检查结果不参加评定，但若有问题，应在鉴定报告中说明，并提出处理建议。

4.3.3 当钢结构构件的安全性按构造评定时，应按表4.3.3的规定评级。

钢结构构件构造安全性评定标准　　表4.3.3

检查项目	a_u 级或 b_u 级	c_u 级或 d_u 级
连接构造	连接方式正确，构造符合国家现行设计规范要求，无缺陷，或仅有局部的表面缺陷，工作无异常	连接方式不当，构造有严重缺陷（包括施工遗留缺陷）；构造或连接有裂缝或锐角切口；焊缝、铆钉、螺栓有变形、滑移或其他损坏

注：① 评定结果取 a_u 级或 b_u 级，可根据其实际完好程度确定；评定取 c_u 级或 d_u 级可根据其实际严重程度确定；
② 施工遗留的缺陷，对焊缝系指夹渣、气泡、咬边、烧穿、漏焊、未焊透以及焊脚尺寸不足等；对铆钉或螺栓系指漏铆、漏栓、错位、错排及掉头等；其他施工遗留的缺陷可根据实际情况确定。

4.4.3 当砌体结构构件的安全性按构造评定时，应按表4.4.3的规定，分别评定两个检查项目的等级，然后取其中低一级作为该构件构造的安全性等级。

砌体结构构件构造的安全性评定　　表4.4.3

检查项目	a_u 级或 b_u 级	c_u 级或 d_u 级
墙、柱的高厚比	符合或略不符合国家现行设计规范的要求	不符合国家现行设计规范的要求，且已超过限值的10%
连接及其他构造	连接及砌筑方式正确，构造符合国家现行设计规范要求，无缺陷或仅有局部的表面缺陷，工作无异常	连接或砌筑方式不当，构造有严重缺陷（包括施工遗留缺陷），已导致构件或连接部位开裂、变形、位移或松动，或已造成其他损坏

注：① 评定结果取 a_u 级或 b_u 级，可根据其实际完好程度确定；评定结果取 c_u 级或 d_u 级，可根据其实际严重程度确定；
② 构件支承长度检查结果不参加评定，但若有问题，应在鉴定报告中说明，并提出处理建议。

4.5.3 当木结构构件的安全性按构造评定时，应按表4.5.3的规定，分别评定两个检查项目的等级，并取其中较低一级作为该构件构造的安全性等级。

木结构构件构造的安全性评定　　表4.5.3

检查项目	a_u 级或 b_u 级	c_u 级或 d_u 级
连接（或节点）	连接方式正确，构造符合国家现行设计规范要求，无缺陷，或仅有局部表面缺陷，通风良好，工作无异常	连接方式不当，构造有严重缺陷（包括施工遗留缺陷），已导致连接松弛变形、滑移、沿剪面开裂或其他损坏

续表

检查项目	a_u 级或 b_u 级	c_u 级或 d_u 级
屋架起拱值	符合或略不符合国家现行设计规范规定，但未发现有推力所造成的影响	严重不符合现行设计规范的规定，且由其引起的推力，已使墙、柱等发生裂缝或侧倾

注：① 评定结果取 a_u 级或 b_u 级，可根据其完好程度确定；评定结果取 c_u 级或 d_u 级，可根据其实际严重程度确定；

② 构件支承长度检查结果不参加评定，但若有问题，应在鉴定报告中说明，并提出处理建议。

6.1.5 住宅结构不应产生影响结构安全的裂缝。

本条是 6.1.4 条的延伸规定。其他相关规范要求如下：

《砌体结构设计规范》GB 50003—2001

6.3.1 为了防止或减轻房屋在正常使用条件下，由温差和砌体干缩引起的墙体竖向裂缝，应在墙体中设置伸缩缝。伸缩缝应设在因温度和收缩变形可能引起应力集中、砌体产生裂缝可能性最大的地方。伸缩缝的间距可按表 6.3.1 采用。

砌体房屋伸缩缝的最大间距（m） 表 6.3.1

屋盖或楼盖类别		间距
整体式或装配整体式钢筋混凝土结构	有保温层或隔热层的屋盖、楼盖	50
	无保温层或隔热层的屋盖	40
装配式有檩体系钢筋混凝土结构	有保温层或隔热层的屋盖、楼盖	60
	无保温层或隔热层的屋盖	50
装配式有檩体系钢筋混凝土结构	有保温层或隔热层的屋盖、楼盖	75
	无保温层或隔热层的屋盖	60
瓦材屋盖、木屋盖或楼盖、轻钢屋盖		100

注：① 对烧结普通砖、多孔砖、配筋砌块砌体房屋取表中数值；对石

砌体、蒸压灰砂砖、蒸压粉煤灰砖和混凝土砌块房屋取表中数值乘以0.8的系数。当有实践经验并采取有效措施时，可不遵守本表规定；

② 在钢筋混凝土屋面上挂瓦的屋盖应按钢筋混凝土屋盖采用；

③ 按本表设置的墙体伸缩缝，一般不能同时防止由于钢筋混凝土屋盖的温度变形和砌体干缩变形引起的墙体局部裂缝；

④ 层高大于5m的烧结普通砖、多孔砖、配筋砌块砌体结构单层房屋，其伸缩缝间距可按表中数值乘以1.3；

⑤ 温差较大且变化频繁地区和严寒地区不采暖的房屋及构筑物墙体的伸缩缝的最大间距，应按表中数值予以适当减小；

⑥ 墙体的伸缩缝应与结构的其他变形缝相重合，在进行立面处理时，必须保证缝隙的伸缩作用。

6.3.2 为了防止或减轻房屋顶层墙体的裂缝，可根据情况采取下列措施：

1 屋面应设置保温、隔热层；

2 屋面保温（隔热）层或屋面刚性面层及砂浆找平层应设置分隔缝，分隔缝间距不宜大于6m，并与女儿墙隔开，其缝宽不小于30mm；

3 采用装配式有檩体系钢筋混凝土屋盖和瓦材屋盖；

4 在钢筋混凝土屋面板与墙体圈梁的接触面处设置水平滑动层，滑动层可采用两层油毡夹滑石粉或橡胶片等；对于长纵墙，可只在其两端的2~3个开间内设置，对于横墙可只在其两端各 $l/4$ 范围内设置（l 为横墙长度）；

5 顶层屋面板下设置现浇钢筋混凝土圈梁，并沿内外墙拉通，房屋两端圈梁下的墙体内宜适当设置水平钢筋；

6 顶层挑梁末端下墙体灰缝内设置3道焊接钢筋网片（纵向钢筋不宜少于2ϕ4，横筋间距不宜大于

200mm）或 $2\phi6$ 钢筋，钢筋网片或钢筋应自挑梁末端伸入两边墙体不小于 1m（图 6.3.2）；

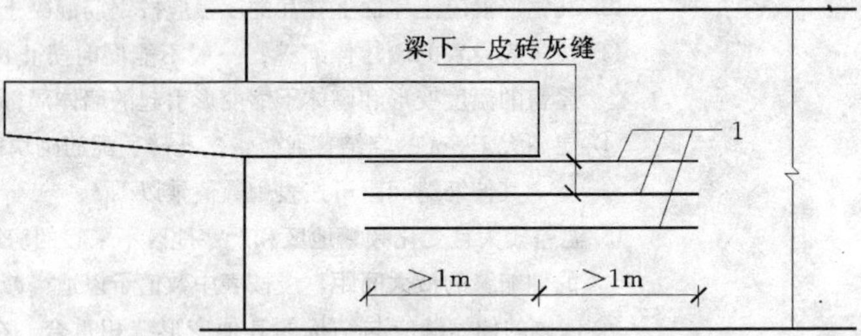

图 6.3.2 顶层挑梁末端钢筋网片或钢筋
1—$2\phi4$ 钢筋网片或 $2\phi6$ 钢筋

7 顶层墙体有门窗等洞口时，在过梁上的水平灰缝内设置 2～3 道焊接钢筋网片或 $2\phi6$ 钢筋，并应伸入过梁两端墙内不小于 600mm；

8 顶层及女儿墙砂浆强度等级不低于 M5；

9 女儿墙应设置构造柱，构造柱间距不宜大于 4m，构造柱应伸至女儿墙顶并与现浇钢筋混凝土压顶整浇在一起；

10 房屋顶层端部墙体内适当增设构造柱。

6.3.3 为防止或减轻房屋底层墙体裂缝，可根据情况采取下列措施：

1 增大基础圈梁的刚度；

2 在底层的窗台下墙体灰缝内设置 3 道焊接钢筋网片或 $2\phi6$ 钢筋，并伸入两边窗间墙内不小于 600mm；

3 采用钢筋混凝土窗台板，窗台板嵌入窗间墙内不小于 600mm。

6.3.6 为防止或减轻混凝土砌块房屋顶层两端和底

层第一、第二开间门窗洞处的裂缝，可采取下列措施：

1 在门窗洞口两侧不少于一个孔洞中设置不小于1ϕ12钢筋，钢筋应在楼层圈梁或基础锚固，并采用不低于Cb20灌孔混凝土灌实；

2 在门窗洞口两边的墙体的水平灰缝中，设置长度不小于900mm、竖向间距为400mm的2ϕ4焊接钢筋网片；

3 在顶层和底层设置通长钢筋混凝土窗台梁，窗台梁的高度宜为块高的模数，纵筋不少于4ϕ10、箍筋6@200，Cb20混凝土。

《混凝土结构设计规范》GB 50010—2010

3.4.1 混凝土结构构件应根据其使用功能及外观要求，按下列规定进行正常使用极限状态验算：

1 对需要控制变形的构件，应进行变形验算；

2 对不允许出现裂缝的构件，应进行混凝土拉应力验算；

3 对允许出现裂缝的构件，应进行受力裂缝宽度验算。

4 对舒适度有要求的楼盖结构，应进行竖向自振频率验算。

3.4.4 结构构件正截面的受力裂缝控制等级分为三级。等级划分及要求应符合下列规定：

一级——严格要求不出现裂缝的构件，按荷载标准组合计算时，构件受拉边缘混凝土不应产生拉应力。

二级——一般要求不出现裂缝的构件，按荷载标准组合计算时，构件受拉边缘混凝土拉应力不应大于混凝土抗拉强度的标准值。

三级——允许出现裂缝的构件：对钢筋混凝土构件，按荷载准永久组合并考虑长期作用影响计算时，构件的最大裂缝宽度不应超过本规范表 3.4.5 规定的最大裂缝宽度限值。对预应力混凝土构件，按荷载标准组合并考虑长期作用的影响计算时，构件的最大裂缝宽度不应超过本规范第 3.4.5 条规定的最大裂缝宽度限值；对二 a 类环境的预应力混凝土构件，尚应按荷载准永久组合计算，且构件受拉边缘混凝土的拉应力不应大于混凝土的抗拉强度标准值。

3.4.5 结构构件应根据结构类型和本规范第 3.5.2 条规定的环境类别，按表 3.4.5 的规定选用不同的裂缝控制等级及最大裂缝宽度限值 $w_{\lim}$。

结构构件的裂缝控制等级及最大裂缝宽度的限值（mm）

表 3.4.5

<table>
<tr><th rowspan="2">环境类别</th><th colspan="2">钢筋混凝土结构</th><th colspan="2">预应力混凝土结构</th></tr>
<tr><th>裂缝控制等级</th><th>$w_{\lim}$</th><th>裂缝控制等级</th><th>$w_{\lim}$</th></tr>
<tr><td>一</td><td rowspan="4">三级</td><td>0.30(0.40)</td><td rowspan="2">三级</td><td>0.20</td></tr>
<tr><td>二 a</td><td rowspan="3">0.20</td><td>0.10</td></tr>
<tr><td>二 b</td><td>二级</td><td>—</td></tr>
<tr><td>三 a、三 b</td><td>一级</td><td>—</td></tr>
</table>

注：① 对处于年平均相对湿度小于 60% 地区一类环境下的受弯构件，其最大裂缝宽度限值可采用括号内的数值；

② 在一类环境下，对钢筋混凝土屋架、托架及需作疲劳验算的吊车梁，其最大裂缝宽度限值应取为 0.20mm；对钢筋混凝土屋面梁和托梁，其最大裂缝宽度限值应取为 0.30mm；

③ 在一类环境下，对预应力混凝土屋架、托架及双向板体系，应按二级裂缝控制等级进行验算；对一类环境下的预应力混凝土屋面梁、托梁、单向板，按表中二 a 类环境的要求进行验算；在一类和二 a 类环境下需作疲劳验算的预应力混凝土吊车梁，应按裂缝控制等级不低于二级的构件进行验算；

④ 表中规定的预应力混凝土构件的裂缝控制等级和最大裂缝宽度限值仅适用于正截面的验算；预应力混凝土构件的斜截面裂缝控制验算应符合本规范第7章的有关要求；

⑤ 对于烟囱、筒仓和处于液体压力下的结构，其裂缝控制要求应符合专门标准的有关规定；

⑥ 对于处于四、五类环境下的结构构件，其裂缝控制要求应符合专门标准的有关规定；

⑦ 表中的最大裂缝宽度限值为用于验算荷载作用引起的最大裂缝宽度。

10.3.3 预制肋形板，宜设置加强其整体性和横向刚度的横肋。端横肋的受力钢筋应弯入纵肋内。当采用先张长线法生产有端横肋的预应力混凝土肋形板时，应在设计和制作上采取防止放张预应力时端横肋产生裂缝的有效措施。

10.3.5 预应力筋在构件端部全部弯起的受弯构件或直线配筋的先张法构件，当构件端部与下部支承结构焊接时，应考虑混凝土收缩、徐变及温度变化所产生的不利影响，宜在构件端部可能产生裂缝的部位设置纵向构造钢筋。

(本规范自第7.1节开始，对裂缝控制有详细的计算要求，请参阅)

《砌体结构工程施工质量验收规范》GB 50203—2011

6.1.8 承重墙体使用的小砌块应完整、无破损、无裂缝。

11.0.4 有裂缝的砌体应按下列情况进行验收：

1 对不影响结构安全性的砌体裂缝，应予以验收，对明显影响使用功能和观感质量的裂缝，应进行处理。

2 对有可能影响结构安全性的砌体裂缝，应由有资质的检测单位检测鉴定，需返修或加固处理的，待返修或加固处理满足使用要求后进行二次验收。

6.1.6 邻近住宅的永久性边坡的设计使用年限，不应低于受其影响的住宅结构的设计使用年限。

相关规范要求如下：

《建筑边坡工程技术规范》GB 50330—2002

3.3.3 永久性边坡的设计使用年限应不低于受其影响相邻建筑的使用年限。

6.2 材 料

6.2.1 住宅结构材料应具有规定的物理、力学性能和耐久性能，并应符合节约资源和保护环境的原则。

（结构材料性能直接影响结构的可靠性。当前，我国住宅结构采用的主要材料有建筑钢材，包括普通钢结构型材、轻型钢结构型材、板材和钢筋等；混凝土、砌体材料，包括砖、砌块、砂浆等；木材；铝型材；板材；结构粘结材料等。住宅结构材料使用面较广泛，本条提出原则性的材料采用要求。）

6.2.2 住宅结构材料的强度标准值应具有不低于95%的保证率；抗震设防地区的住宅，其结构用钢材应符合抗震性能要求。

相关规范要求如下：

《混凝土结构设计规范》GB 50010—2010

4.2.2 钢筋的强度标准值应具有不小于95%的保证率。

《建筑抗震设计规范》GB 50011—2010

3.9.2 结构材料性能指标，应符合下列最低要求：

1 砌体结构材料应符合下列规定：

1） 普通砖和多孔砖的强度等级不应低于

MU10，其砌筑砂浆强度等级不应低于 M5；

2）混凝土小型空心砌块的强度等级不应低于 MU7.5，其砌筑砂浆强度等级不应低于 Mb7.5。

2 混凝土结构材料应符合下列规定：

1）混凝土的强度等级，框支梁、框支柱及抗震等级为一级的框架梁、柱、节点核芯区，不应低于 C30；构造柱、芯柱、圈梁及其他各类构件不应低于 C20；

2）抗震等级为一、二、三级的框架和斜撑构件（含梯段），其纵向受力钢筋采用普通钢筋时，钢筋的抗拉强度实测值与屈服强度实测值的比值不应小于 1.25；钢筋的屈服强度实测值与屈服强度标准值的比值不应大于 1.3，且钢筋在最大拉力下的总伸长率实测值不应小于 9%。

3 钢结构的钢材应符合下列规定：

1）钢材的屈服强度实测值与抗拉强度实测值的比值不应大于 0.85；

2）钢材应有明显的屈服台阶，且伸长率不应小于 20%；

3）钢材应有良好的焊接性和合格的冲击韧性。

《建筑结构可靠度设计统一标准》GB 50068—2001

5.0.3 材料强度的概率分布宜采用正态分布或对数正态分布。材料强度的标准值可取其概率分布的 0.05 分位值确定。材料弹性模量、泊松比等物理性能的标准值可取其概率分布的

0.5 分位值确定。

注：当试验数据不足时，材料性能的标准值可采用有关标准的规定值，也可结合工程经验，经分析判断确定。

《高层民用建筑钢结构技术规程》JGJ 99—98

第 2.0.3 条 抗震结构钢材的强屈比不应小于 1.2；应有明显的屈服台阶；伸长率应大于 20%；应有良好的可焊性。

6.2.3 住宅结构用混凝土的强度等级不应低于 C20。

《砌体结构设计规范》GB 50003—2001

9.4.9 配筋砌块砌体剪力墙的构造配筋应符合下列规定：

3 应在楼（屋）盖的所有纵横墙处设置现浇钢筋混凝土圈梁，圈梁的宽度和高度宜等于墙厚和块高，圈梁主筋不应少于 4ϕ10，圈梁的混凝土强度等级不宜低于同层混凝土块体强度等级的 2 倍，或该层灌孔混凝土的强度等级，也不应低于 C20。

9.4.11 配筋砌块砌体剪力墙应按下列情况设置边缘构件：

2 当在剪力墙墙端设置混凝土柱时，应符合下列规定：

2）柱的混凝土强度等级不宜低于该墙体块体强度等级的 2 倍，或该墙体灌孔混凝土的强度等级，也不应低于 C20。

9.4.12 配筋砌块砌体剪力墙中当连梁采用钢筋混凝土时，连梁混凝土的强度等级不宜低于同层墙体块体强度等级的 2 倍，或同层墙体灌孔混凝土的强度等级，也不应低于 C20；其他构造尚应符合现行国家标准《混凝土结构设计规范》GB 50010 的有关规定要求。

10.4.19 配筋砌块砌体剪力墙房屋的楼、屋盖处，应按下列规定设置钢筋混凝土圈梁：

1 圈梁混凝土强度等级不宜小于砌块强度等级的 2 倍，或该层灌孔混凝土的强度等级，但不应低于 C20。

《建筑地基基础设计规范》GB 50007—2002

9.3.3 地下连续墙的构造应符合以下要求：

1 墙体混凝土的强度等级不应低于 C20。

《建筑抗震设计规范》GB 50011—2010

3.9.2 结构材料性能指标，应符合下列最低要求：

2 混凝土结构材料应符合下列规定：

1）混凝土的强度等级，框支梁、框支柱及抗震等级为一级的框架梁、柱、节点核芯区，不应低于 C30；构造柱、芯柱、圈梁及其他各类构件不应低于 C20。

《建筑抗震加固技术规程》JGJ 116—2009

3.0.5 加固所用的砌体块材、砂浆和混凝土的强度等级，钢筋、钢材的性能指标，应符合现行国家标准《建筑抗震设计规范》GB 50011 的有关规定，其他各种加固材料和胶粘剂的性能指标应符合国家现行相关标准、规范的要求。

6.2.4 住宅结构用钢材应具有抗拉强度、屈服强度、伸长率和硫、磷含量

相关规范要求如下：

《建筑抗震设计规范》GB 50011—2010

3.9.2 结构材料性能指标，应符合下列最低要求：

的合格保证；对焊接钢结构用钢材，尚应具有碳含量、冷弯试验的合格保证。

3 钢结构的钢材应符合下列规定：

1） 钢材的屈服强度实测值与抗拉强度实测值的比值不应大于0.85；

2） 钢材应有明显的屈服台阶，且伸长率应小于20%；

3） 钢材应有良好的焊接性和合格的冲击韧性。

3.9.3 结构材料性能指标，尚宜符合下列要求：

1 普通钢筋宜优先采用延性、韧性和焊接性较好的钢筋；普通钢筋的强度等级，纵向受力钢筋宜选用符合抗震性能指标的不低于HRB400级的热轧钢筋，也可采用符合抗震性能指标的HRB335级热轧钢筋；箍筋宜选用符合抗震性能指标的不低于HRB335级的热轧钢筋，也可选用HPB300级热轧钢筋。

注：钢筋的检验方法应符合现行国家标准《混凝土结构工程施工质量验收规范》GB 50204的规定。

2 混凝土结构的混凝土强度等级，抗震墙不宜超过C60，其他构件，9度时不宜超过C60，8度时不宜超过C70。

3 钢结构的钢材宜采用Q235等级B、C、D的碳素结构钢及Q345等级B、C、D、E的低合金高强度结构钢；当有可靠依据时，尚可采用其他钢种和钢号。

《钢结构设计规范》GB 50017—2003

3.3.3 承重结构的钢材应具有抗拉强度、伸长率、屈服强度和硫、磷含量的合格保证，对焊接结构尚应具有碳含量的合格保证。

焊接承重结构以及重要的非焊接承重结构的钢材还应具有冷弯试验的合格保证。

《高层民用建筑钢结构技术规程》JGJ 99—98

第 2.0.2 条 承重结构的钢材应根据结构的重要性、荷载特征、连接方法、环境温度以及构件所处部位等不同情况，选择其牌号和材质，并应保证抗拉强度、伸长率、屈服点、冷弯试验、冲击韧性合格和硫、磷含量符合限值。对焊接结构尚应保证碳含量符合限值。

《型钢混凝土组合结构技术规程》JGJ 138 —2001

3.1.2 型钢可采用焊接型钢和轧制型钢。型钢钢材应根据结构特点选择其牌号和材质，并应保证抗拉强度、伸长率、屈服点、冷弯试验、冲击韧性合格和硫、磷、碳含量符合使用要求。型钢焊缝和坡口尺寸应符合现行行业标准《建筑钢结构焊接技术规程》JGJ 81 的有关规定。当焊接型钢的钢板厚度大于或等于 50mm，并承受沿板厚方向的拉力作用时，应按现行国家标准《厚度方向性能钢板》GB 5313 的规定，其附加板厚方向的断面收缩率不得小于该标准 Z15 级规定的允许值。考虑地震作用的结构用钢，其强屈比不应小于 1.2，且应有明显的屈服台阶和良好的可焊性。

6.2.5 住宅结构中承重砌体材料的强度应符合下列规定：

1 烧结普通砖、烧结多孔砖、蒸压灰砂砖、蒸压粉煤灰砖的强度等级不

相关规范要求如下：

《砌体结构设计规范》GB 50003—2001

3.1.1 块体和砂浆的强度等级，应按下列规定采用：

1 烧结普通砖、烧结多孔砖等的强度等级：MU30、MU25、MU20、MU15 和 MU10；

应低于 MU10； 2 蒸压灰砂砖、蒸压粉煤灰砖的强度等级：MU25、MU20、MU15 和 MU10；

3.2 砌体的计算指标

3.2.1 龄期为 28d 的以毛截面计算的各类砌体抗压强度设计值，当施工质量控制等级为 B 级时，应根据块体和砂浆的强度等级分别按下列规定采用：

1 烧结普通砖和烧结多孔砖砌体的抗压强度设计值，应按表 3.2.1－1 采用。

2 蒸压灰砂砖和蒸压粉煤灰砖砌体的抗压强度设计值，应按表 3.2.1－2 采用。

烧结普通砖和烧结多孔砖砌体的抗压强度设计值（MPa） 表 3.2.1－1

砖强度等级	砂浆强度等级					砂浆强度
	M15	M10	M7.5	M5	M2.5	0
MU30	3.94	3.27	2.93	2.59	2.26	1.15
MU25	3.60	2.98	2.68	2.37	2.08	1.05
MU20	3.22	2.67	2.39	2.12	1.84	0.94
MU15	2.79	2.31	2.07	1.83	1.60	0.82
MU10	—	1.89	1.69	1.50	1.30	0.67

蒸压灰砂砖和蒸压粉煤灰砖砌体的抗压强度设计值（MPa） 表 3.2.1－2

砖强度等级	砂浆强度等级				砂浆强度
	M15	M10	M7.5	M5	0
MU25	3.60	2.98	2.68	2.37	1.05
MU20	3.22	2.67	2.39	2.12	0.94
MU15	2.79	2.31	2.07	1.83	0.82
MU10	—	1.89	1.69	1.50	0.67

6.2.1 五层及五层以上房屋的墙，以及受振动或层高大于 6m 的墙、柱所用材料的最低强度等级，应符合下

列要求：

1 砖采用 MU10；

2 砌块采用 MU7.5；

3 石材采用 MU30；

4 砂浆采用 M5。

注：对安全等级为一级或设计使用年度大于 50 年的房屋，墙、柱所用材料的最低强度等级应至少提高一级。

6.2.2 地面以下或防潮层以下的砌体，潮湿房间的墙，所用材料的最低强度等级应符合表 6.2.2 的要求。

地面以下或防潮层以下的砌体、潮湿房间墙所用材料的最低强度等级 表 6.2.2

基土的潮湿程度	烧结普通砖、蒸压灰砂砖		混凝土砌块	石材	水泥砂浆
	严寒地区	一般地区			
稍潮湿的	MU10	MU10	MU7.5	MU30	M5
很潮湿的	MU15	MU10	MU7.5	MU30	M7.5
含水饱和的	MU20	MU15	MU10	MU40	M10

注：① 在冻胀地区，地面以下或防潮层以下的砌体，不宜采用多孔砖，如采用时，其孔洞应用水泥砂浆灌实。当采用混凝土砌块砌体时，其孔洞应采用强度等级不低于 Cb20 的混凝土灌实；

② 对安全等级为一级或设计使用年限大于 50 年的房屋，表中材料强度等级应至少提高一级。

《建筑抗震设计规范》GB 50011—2010

3.9.2 结构材料性能指标，应符合下列最低要求：

1 砌体结构材料应符合下列规定：

1） 普通砖和多孔砖的强度等级不应低于 MU10，其砌筑砂浆强度等级不应低于 M5；

2） 混凝土小型空心砌块的强度等级不应低于 MU7.5，其砌筑砂浆强度等级不应低于 Mb7.5。

2 混凝土结构材料应符合下列规定：

1）混凝土的强度等级，框支梁、框支柱及抗震等级为一级的框架梁、柱、节点核芯区，不应低于C30；构造柱、芯柱、圈梁及其他各类构件不应低于C20；

2）抗震等级为一、二、三级的框架和斜撑构件（含梯段），其纵向受力钢筋采用普通钢筋时，钢筋的抗拉强度实测值与屈服强度实测值的比值不应小于1.25；钢筋的屈服强度实测值与屈服强度标准值的比值不应大于1.3，且钢筋在最大拉力下的总伸长率实测值不应小于9%。

3 钢结构的钢材应符合下列规定：

1）钢材的屈服强度实测值与抗拉强度实测值的比值不应大于0.85；

2）钢材应有明显的屈服台阶，且伸长率不应小于20%；

3）钢材应有良好的焊接性和合格的冲击韧性。

2 混凝土砌块的强度等级不应低于MU7.5；

相关规范要求如下：

《砌体结构设计规范》GB 50003—2001

3.1.1 块体和砂浆的强度等级，应按下列规定采用：

3 砌块的强度等级：MU20、MU15、MU10、MU7.5和MU5；

注：确定蒸压粉煤灰砖和掺有粉煤灰15%以上的混凝土砌块的强度等级时，其抗压强度应乘以自然碳化系数，当无自然碳化系数时，应取人工碳化系数的1.15倍。

3.2 砌体的计算指标

3.2.1 龄期为28d的以毛截面计算的各类砌体

抗压强度设计值，当施工质量控制等级为 **B** 级时，应根据块体和砂浆的强度等级分别按下列规定采用：

3 单排孔混凝土和轻骨料混凝土砌块砌体的抗压强度设计值，应按表 3.2.1－3 采用。

单排孔混凝土和轻骨料混凝土砌块砌体的抗压强度设计值(MPa) 表 3.2.1－3

砌块强度等级	砂浆强度等级				砂浆强度
	Mb15	Mb10	Mb7.5	Mb5	0
MU20	5.68	4.95	4.44	3.94	2.33
MU15	4.61	4.02	3.61	3.20	1.89
MU10	—	2.79	2.50	2.22	1.31
MU7.5	—	—	1.93	1.71	1.01
MU5	—	—	—	1.19	0.70

注：① 对错孔砌筑的砌体，应按表中数值乘以 0.8；

② 对独立柱或厚度为双排组砌的砌块砌体，应按表中数值乘以 0.7；

③ 对 T 形截面砌体，应接表中数值乘以 0.85；

④ 表中轻骨料混凝土砌块为煤矸石和水泥煤渣混凝土砌块。

3 砖砌体的砂浆强度等级，抗震设计时不应低于 M5；非抗震设计时，对低于 5 层的住宅不应低于 M2.5，对不低于 5 层的住宅不应低于 M5；

相关规范要求如下：

《砌体结构设计规范》GB 50003—2001

10.1.6 地震区的混凝土砌块、石砌体结构构件的材料，应符合下列规定：

2 料石的强度等级不应低于 MU30，砌筑砂浆的强度等级不应低于 M5。

10.5 墙梁

10.5.9 框支墙梁的框架柱、抗震墙和托梁的混凝土强度等级不应低于C30，托梁上一层墙体的砂浆强度等级不应低于M10，其余墙体的砂浆强度等级不应低于M5。

《建筑抗震设计规范》GB 50011—2010

3.9.2 结构材料性能指标，应符合下列最低要求：

1 砌体结构材料应符合下列规定：

1） 普通砖和多孔砖的强度等级不应低于MUl0，其砌筑砂浆强度等级不应低于M5；

2） 混凝土小型空心砌块的强度等级不应低于MU7.5，其砌筑砂浆强度等级不应低于Mb7.5。

7.5.4 当6度设防的底层框架－抗震墙砖房的底层采用约束砖砌体墙时，其构造应符合下列要求：

1 砖墙厚不应小于240mm，砌筑砂浆强度等级不应低于M10，应先砌墙后浇框架。

7.5.5 当6度设防的底层框架－抗震墙砌块房屋的底层采用约束小砌块砌体墙时，其构造应符合下列要求：

1 墙厚不应小于190mm，砌筑砂浆强度等级不应低于Mb10，应先砌墙后浇框架。

13.3.4 钢筋混凝土结构中的砌体填充墙，尚应符合下列要求：

1 填充墙在平面和竖向的布置，宜均匀对称，宜避免形成薄弱层或短柱。

2 砌体的砂浆强度等级不应低于M5；实心块体的强度等级不宜低于MU2.5，空心块体的强度等级不宜低于 MU3.5；墙顶应与框架梁密切结合。

《建筑抗震鉴定标准》GB 50023—2009

1 砖强度等级不宜低于 MU7.5，且不低于砌筑砂浆强度等级；中型砌块的强度等级不宜低于 MU10，小型砌块的强度等级不宜低于 MU5。砖、砌块的强度等级低于上述规定一级以内时，墙体的砂浆强度等级宜按比实际达到的强度等级降低一级采用。

5.2.8 房屋中易引起局部倒塌的部件及其连接，尚应分别符合下列规定：

1 现有结构构件的局部尺寸、支承长度和连接应符合下列要求：

4） 出屋面的楼梯间、电梯间和水箱间等小房间，8、9 度时墙体的砂浆强度等级不宜低于 M2.5；门窗洞口不宜过大；预制楼盖、屋盖与墙体应有连接。

2 非结构构件的现有构造应符合下列要求：

2） 无拉结女儿墙和门脸等装饰物，当砌筑砂浆的强度等级不低于 M2.5 且厚度为 240mm 时，其突出屋面的高度，对整体性不良或非刚性结构的房屋不应大于 0.5m；对刚性结构房屋的封闭女儿墙不宜大于 0.9m。

4 砌块砌体的砂浆强度等级，抗震设计时不应低于 Mb7.5；非抗震设计时不应低于 Mb5。

相关规范要求如下：

《砌体结构设计规范》GB 50003—2001

10.1.6 地震区的混凝土砌块、石砌体结构构件的材料，应符合下列规定：

1 混凝土砌块砌筑砂浆的强度等级不应低于 Mb5.0；配筋砌块砌体剪力墙中砌筑砂浆的

强度等级不应低于 Mb10；

6.2.6 木结构住宅中，承重木材的强度等级不应低于 TC11（针叶树种）或 TB11（阔叶树种），其设计指标应考虑含水率的不利影响；承重结构用胶的胶合强度不应低于木材顺纹抗剪强度和横纹抗拉强度。

相关规范要求如下：

《木结构设计规范》GB 50005—2003

3.1.13 制作构件时，木材含水率应符合下列要求：

1 现场制作的原木或方木结构不应大于 25%；

2 板材和规格材不应大于 20%；

3 受拉构件的连接板不应大于 18%；

4 作为连接件不应大于 15%；

5 层板胶合木结构不应大于 15%，且同一构件各层木板间的含水率差别不应大于 5%。

3.3 结构用胶

3.3.1 承重结构用胶，应保证其胶合强度不低于木材顺纹抗剪和横纹抗拉的强度。胶连接的耐水性和耐久性，应与结构的用途和使用年限相适应，并应符合环境保护的要求。

C.1.1 当取样检验一批木材的强度等级时，可根据其弦向静曲强度的检验结果进行判定。对于承重结构用材，应要求其检验结果的最低强度不得低于本标准附表 C.1.1 规定的数值。

木材强度检验标准　　　　表 C.1.1

木材种类	针叶材				阔叶材				
强度等级	TC11	TC13	TC15	TC17	TB11	TB13	TB15	TB17	TB20
检验结果的最低强度值（N/mm^2）	44	51	58	72	58	68	78	88	98

6.3 地基基础

6.3.1 住宅应根据岩土工程勘察文件，综合考虑主体结构类型、地域特点、抗震设防烈度和施工条件等因素，进行地基基础设计。

条文说明：地基基础设计是住宅结构设计中十分重要的一个环节。我国幅员辽阔，各地的岩土工程特性、水文地质条件有很大的差异。因此，住宅地基基础的选型和设计要以岩土工程勘察文件为依据和基础，因地制宜，综合考虑住宅主体结构的特点、地域特点、施工条件以及是否抗震设防地区等因素。

6.3.2 住宅的地基基础应满足承载力和稳定性要求，地基变形应保证住宅的结构安全和正常使用。

相关规范要求如下：

《建筑地基基础设计规范》GB 50007—2002

3.0.4 地基基础设计时，所采用的荷载效应最不利组合与相应的抗力限值应按下列规定：

1 按地基承载力确定基础底面积及埋深或按单桩承载力确定桩数时，传至基础或承台底面上的荷载效应按照正常使用极限状态下荷载效应的标准组合。相应的抗力应采用地基承载力特征值或单桩承载力特征值。

2 计算地基变形时，传至基础底面上的荷载效应应按正常使用极限状态下荷载效应的准永久组合，不应计入风荷载和地震作用。相应的限值应为地基变形允许值。

3 计算挡土墙土压力、地基或斜坡稳定及滑坡推力时，荷载效应应按承载能力极限状态下荷载效应的基本组合，但其分项系数均为1.0。

4 在确定基础或桩台高度、支挡结构截面、计算基础或支挡结构内力、确定配筋和验算材料强度时，上部结构传来的荷载效应组合和相应的基底反力，应按承载能力极限状态下荷载效应的基本组合，采用相应的分项系数。

当需要验算基础裂缝宽度时，应按正常使用极限状态荷载效应标准组合。

5 基础设计安全等级、结构设计使用年限、结构重要性系数应按有关规范的规定采用，但结构重要性系数 γ_0 不应小于1.0。

3.0.5 正常使用极限状态下，荷载效应的标准组合值 S_k 应用下式表示：

$$S_k = S_{Gk} + S_{Q1k} + \psi_{c2} S_{Q2k} + \cdots + \psi_{cn} S_{Qnk} \tag{3.0.5-1}$$

式中 S_{Gk}——按永久荷载标准值 Q_k 计算的荷载效应值；

S_{Qik}——按可变荷载标准值 Q_{ik} 计算的荷载效应值；

ψ_{ci}——可变荷载 Q_i 的组合值系数，按现行《建筑结构荷载规范》GB 50009 的规定取值。

荷载效应的准永久组合值 S_k 应用下式表示：

$$S_k = S_{Gk} + \psi_{q1} S_{Q1k} + \psi_{q2} S_{Q2k} + \cdots + \psi_{qn} S_{Qnk} \tag{3.0.5-2}$$

式中 ψ_{qi}——准永久值系数，按现行《建筑结构荷载规范》GB 50009 的规定取值。

承载能力极限状态下，由可变荷载效应控制的基本组合设计值 S，应用下式表达：

$$S = \gamma_G S_{Gk} + \gamma_{Q1} S_{Q1k} + \gamma_{Q2} \psi_{c2} S_{Q2k} + \cdots + \gamma_{Qn} \psi_{cn} S_{Qnk} \tag{3.0.5-3}$$

式中 γ_G——永久荷载的分项系数，按现行《建筑结构荷载规范》GB 50009 的规定取值；

γ_{Qi}——第 i 个可变荷载的分项系数，按现行《建筑结构荷载规范》GB 50009 的规定取值。

对由永久荷载效应控制的基本组合，也可采用简化规则，荷载效应基本组合的设计值 S 按下式确定：

$$S = 1.35S_k \leqslant R \quad (3.0.5-4)$$

式中 R——结构构件抗力的设计值，按有关建筑结构设计规范的规定确定；

S_k——荷载效应的标准组合值。

《建筑抗震设计规范》GB 50011—2010

4.2.3 地基抗震承载力应按下式计算：

$$f_{aE} = \zeta_a f_a \quad (4.2.3)$$

式中 f_{aE}——调整后的地基抗震承载力；

ζ_a——地基抗震承载力调整系数，应按表 4.2.3 采用；

f_a——深宽修正后的地基承载力特征值，应按现行国家标准《建筑地基基础设计规范》GB 50007 采用。

地基抗震承载力调整系数 表 4.2.3

岩土名称和性状	ζ_a
岩石，密实的碎石土，密实的砾、粗、中砂，$f_{ak} \geqslant$ 300kPa 的黏性土和粉土	1.5
中密、稍密的碎石土，中密和稍密的砾、粗、中砂，密实和中密的细、粉砂，150kPa$\leqslant f_{ak} <$300kPa 的黏性土和粉土，坚硬黄土	1.3
稍密的细、粉砂，100kPa$\leqslant f_{ak} <$150kPa 的黏性土和粉土，可塑黄土	1.1
淤泥，淤泥质土，松散的砂，杂填土，新近堆积黄土及流塑黄土	1.0

6.3.3 基坑开挖及其支护应保证其

相关规范要求如下：

《建筑地基基础设计规范》GB 50007—2002

自身及其周边环境的安全。

9.1.2 基坑支护应保证岩土开挖、地下结构施工的安全，并使周围环境不受损害。

6.3.4 桩基础和经处理后的地基应进行承载力检验。

相关规范要求如下：

《建筑地基基础设计规范》GB 50007—2002

10.1.8 施工完成后的工程桩应进行竖向承载力检验。竖向承载力检验的方法和数量可根据地基基础设计等级和现场条件，结合当地可靠的经验和技术确定。复杂地质条件下的工程桩竖向承载力的检验宜采用静载荷试验，检验桩数不得少于同条件下总桩数的1%，且不得少于3根。大直径嵌岩桩的承载力可根据终孔时桩端持力层岩性报告结合桩身质量检验报告核验。

《建筑地基基础工程施工质量验收规范》GB 50202—2002

4.1.6 对水泥土搅拌桩复合地基、高压喷射注浆桩复合地基、砂桩地基、振冲桩复合地基、土和灰土挤密桩复合地基、水泥粉煤灰碎石桩复合地基及夯实水泥土桩复合地基，其承载力检验，数量为总数的0.5%～1%，但不应少于3处。有单桩强度检验要求时，数量为总数的0.5%～1%，但不应少于3根。

5.1.5 工程桩应进行承载力检验。对于地基基础设计等级为甲级或地质条件复杂，成桩质量可靠性低的灌注桩，应采用静载荷试验的方法进行检验，检验桩数不应少于总数的1%，且不应少于3根，当总桩数少于50根时，不应少于2根。

5.3 先张法预应力管桩

5.3.3 施工结束后，应做承载力检验及桩体质量检验。

5.5 钢桩

5.5.3 施工结束后应做承载力检验。

（桩基础、地基处理的设计、施工、承载力检验要求和方法请参见 GB 50007、JGJ 79、JGJ 94、JGJ 106 等规范）

6.4 上部结构

6.4.1 住宅应避免因局部破坏而导致整个结构丧失承载能力和稳定性。抗震设防地区的住宅不应采用严重不规则的设计方案。

相关规范要求如下：

《混凝土结构设计规范》GB 50010—2010

3.1.3 混凝土结构的极限状态设计应包括：

1 承载能力极限状态：结构或结构构件达到最大承载力、出现疲劳破坏、发生不适于继续承载的变形或因结构局部破坏而引发的连续倒塌。

《建筑抗震设计规范》GB 50011—2010

3.5.2 结构体系应符合下列各项要求：

2 应避免因部分结构或构件破坏而导致整个结构丧失抗震能力或对重力荷载的承载能力。

《高层建筑混凝土结构技术规程》JGJ 3—2010

3.4.1 在高层建筑的一个独立结构单元内，结构平面形状宜简单、规则，质量、刚度和承载力分布宜均匀。不应采用严重不规则的平面布置。

3.5.1 高层建筑的竖向体型宜规则、均匀，避免有过大的外挑和收进。结构的侧向刚度宜下大上小，逐渐均匀变化。

6.4.2 抗震设防地区的住宅，应进行结构、结构构件的抗震验算，并应根据结构材料、结构体系、房屋高度、抗震设防烈度、场地类别等因素，采取可靠的抗震措施。

（本条是对抗震设防地区住宅设计的总体要求。涉及结构抗震内容的标准规范约400种，请参见知识产权出版社的《工程建设标准规范专业条文全搜索 抗震》）主要规范要求如下：

《建筑抗震设计规范》GB 50011—2010

4.2.2 天然地基基础抗震验算时，应采用地震作用效应标准组合，且地基抗震承载力应取地基承载力特征值乘以地基抗震承载力调整系数计算。

4.4.2 非液化土中低承台桩基的抗震验算，应符合下列规定：

1 单桩的竖向和水平向抗震承载力特征值，可均比非抗震设计时提高25%。

2 当承台周围的回填土夯实至干密度不小于现行国家标准《建筑地基基础设计规范》GB 50007对填土的要求时，可由承台正面填土与桩共同承担水平地震作用；但不应计入承台底面与地基土间的摩擦力。

4.4.3 存在液化土层的低承台桩基抗震验算，应符合下列规定：

1 承台埋深较浅时，不宜计入承台周围土的抗力或刚性地坪对水平地震作用的分担作用。

2 当桩承台底面上、下分别有厚度不小于1.5m、1.0m的非液化土层或非软弱土层时，可按下列二种情况进行桩的抗震验算，并按不利情况设计：

1） 桩承受全部地震作用，桩承载力按本规范第4.4.2条取用，液化土的桩周摩阻力及桩水平抗力均应乘以表4.4.3的折减系数。

土层液化影响折减系数　表4.4.3

实际标贯锤击数/临界标贯锤击数	深度 d_s（m）	折减系数
≤0.6	$d_s \leqslant 10$	0
	$10 < d_s \leqslant 20$	1/3
>0.6～0.8	$d_s \leqslant 10$	1/3
	$10 < d_s \leqslant 20$	2/3
>0.8～1.0	$d_s \leqslant 10$	2/3
	$10 < d_s \leqslant 20$	1

2）地震作用按水平地震影响系数最大值的10%采用，桩承载力仍按本规范第4.4.2条1款取用，但应扣除液化土层的全部摩阻力及桩承台下2m深度范围内非液化土的桩周摩阻力。

5.1.6 结构的截面抗震验算，应符合下列规定：

1 6度时的建筑（不规则建筑及建造于Ⅳ类场地上较高的高层建筑除外），以及生土房屋和木结构房屋等，应符合有关的抗震措施要求，但应允许不进行截面抗震验算。

2 6度时不规则建筑、建造于Ⅳ类场地上较高的高层建筑，7度和7度以上的建筑结构（生土房屋和木结构房屋等除外），应进行多遇地震作用下的截面抗震验算。

注：采用隔震设计的建筑结构，其抗震验算应符合有关规定。

《高层建筑混凝土结构技术规程》JGJ 3—2010

3.9.1 各抗震设防类别的高层建筑结构，其抗震措施应符合下列要求：

1 甲类、乙类建筑：应按本地区抗震设防烈度提高一度的要求加强其抗震措施，但抗震设防烈度为9度时应按比9度更高的要求采取抗震措施；当建筑场地为Ⅰ类时，应允许仍按本地区抗震设防烈度的要求采取抗震构造措施。

2 丙类建筑：应按本地区抗震设防烈度确定其抗震措施；当建筑场地为Ⅰ类时，除6度外，应允许按本地区抗震设防烈度降低一度的要求采取抗震构造措施。

3.9.2 当建筑场地为Ⅲ、Ⅳ类时，对设计基本地震加速度为0.15g和0.30g的地区，宜分别按抗震设防烈度8度（0.20g）和9度（0.40g）时各类建筑的要求采取抗震构造措施。

3.9.3 抗震设计时，高层建筑钢筋混凝土结构构件应根据抗震设防分类、烈度、结构类型和房屋高度采用不同的抗震等级，并应符合相应的计算和构造措施要求。A级高度丙类建筑钢筋混凝土结构的抗震等级应按表3.9.3确定。当本地区的设防烈度为9度时，A级高度乙类建筑的抗震等级应按特一级采用，甲类建筑应采取更有效的抗震措施。

注：本规程“特一级和一、二、三、四级”即“抗震等级为特一级和一、二、三、四级”的简称。

3.9.5 抗震设计的高层建筑，当地下室顶层作为上部结构的嵌固端时，地下一层相关范围的抗震等级应按上部结构采用，地下一层以下抗震构造措施的抗震等级可逐层降低一级，但不应低于四级；地下室中超出上部主楼相关范围且无上部结构的部分，其抗震等级可根据具体情况采用三级或四级。

A 级高度的高层建筑结构抗震等级　　表 3.9.3

结构类型			烈度 6度		7度		8度		9度
框架结构			三		二		一		一
框架－剪力墙结构	高度（m）		≤60	>60	≤60	>60	≤60	>60	≤50
	框架		四	三	三	二	二	一	一
	剪力墙		三		二		一		一
剪力墙结构	高度（m）		≤80	>80	≤80	>80	≤80	>80	≤60
	剪力墙		四	三	三	二	二	一	一
部分框支剪力墙结构	非底部加强部位的剪力墙		四	三	三	二	二	—	—
	底部加强部位的剪力墙		三	二	二	一	一		
	框支框架		二		二	一	一		
筒体结构	框架－核心筒	框架	三		二		一		一
		核心筒	二		二		一		一
	筒中筒	内筒	三		二		一		一
		外筒							
板柱－剪力墙结构	高度（m）		≤35	>35	≤35	>35	≤35	>35	—
	框架、板柱及柱上板带		三	二	二	二	一	一	
	剪力墙		二	二	二	一	二	一	

注：① 接近或等于高度分界时，应结合房屋不规则程度及场地、地基条件适当确定抗震等级；

② 底部带转换层的筒体结构，其转换框架的抗震等级应按表中部分框支剪力墙结构的规定采用；

③ 当框架－核心筒结构的高度不超过 60m 时，其抗震等级应允许按框架－剪力墙结构采用。

3.9.6 抗震设计时，与主楼连为整体的裙房的抗震等级，除应按裙房本身确定外，相关范围不应低于主楼的抗震等级；主楼结构在裙房顶板上、下各一层应适当加强抗震构造措施。裙房与主楼分离时，应按裙房本身确定抗震等级。

3.9.7 甲、乙类建筑按本规程第3.9.1条提高一度确定抗震措施时，或Ⅲ、Ⅳ类场地且设计基本地震加速度为0.15g和0.30g的丙类建筑按本规程第3.9.2条提高一度确定抗震构造措施时，如果房屋高度超过提高一度后对应的房屋最大适用高度，则应采取比对应抗震等级更有效的抗震构造措施。

《设置钢筋混凝土构造柱多层砖房抗震技术规程》JGJ/T 13—94

4.1.2 设防烈度为6度的多层砖房，可不进行地震作用计算，但抗震措施应符合有关要求。

《钢筋混凝土薄壳结构设计规程》JGJ/T 22—98

3.2.11 薄壳结构的抗震验算应符合下列规定：

3.2.11.1 抗震设防烈度为7度的地区，对于周边支承、跨度不大于24m的薄壳结构可不进行水平抗震验算，对于跨度大于24m的薄壳结构宜进行水平抗震验算；抗震设防烈度为8度或9度的地震区，对于各种类型的薄壳结构均应进行水平抗震验算。

3.2.11.2 抗震设防烈度为7度的地区，薄壳结构可不进行竖向抗震验算；抗震设防烈度为8度或9度的地震区，薄壳结构均应进行竖向抗震验算。

《建筑桩基技术规范》JGJ 94—2008

3.1.3 桩基应根据具体条件分别进行下列承载能力计算和稳定性验算：

1 应根据桩基的使用功能和受力特征分别进行桩基的竖向承载力计算和水平承载力计算；

2 应对桩身和承台结构承载力进行计算；对于桩

侧土不排水抗剪强度小于10kPa、且长径比大于50的桩应进行桩身压屈验算；对于混凝土预制桩应按吊装、运输和锤击作用进行桩身承载力验算；对于钢管桩应进行局部压屈验算；

3 当桩端平面以下存在软弱下卧层时，应进行软弱下卧层承载力验算；

4 对位于坡地、岸边的桩基应进行整体稳定性验算；

5 对于抗浮、抗拔桩基，应进行基桩和群桩的抗拔承载力计算；

6 对于抗震设防区的桩基应进行抗震承载力验算。

3.1.4 下列建筑桩基应进行沉降计算：

1 设计等级为甲级的非嵌岩桩和非深厚坚硬持力层的建筑桩基；

2 设计等级为乙级的体型复杂、荷载分布显著不均匀或桩端平面以下存在软弱土层的建筑桩基；

3 软土地基多层建筑减沉复合疏桩基础。

5.1.2 对于主要承受竖向荷载的抗震设防区低承台桩基，在同时满足下列条件时，桩顶作用效应计算可不考虑地震作用：

1 按现行国家标准《建筑抗震设计规范》GB 50011规定可不进行桩基抗震承载力验算的建筑物；

2 建筑场地位于建筑抗震的有利地段。

《建筑抗震加固技术规程》JGJ 116—2009

1.0.3 现有建筑抗震加固前，应依据其设防烈度、抗震设防类别、后续使用年限和结构类型，按现行国家标准《建筑抗震鉴定标准》GB 50023的相应规定进行抗震鉴定。

1.0.4 现有建筑抗震加固时，建筑的抗震设防类别及相应的抗震措施和抗震验算要求，应按现行国家标准《建筑抗震鉴定标准》GB 50023—2009 第 1.0.3 的规定执行。

3.0.1 现有建筑抗震加固的设计原则应符合下列要求：

1 加固方案应根据抗震鉴定结果经综合分析后确定，分别采用房屋整体加固、区段加固或构件加固，加强整体性、改善构件的受力状况、提高综合抗震能力。

2 加固或新增构件的布置，应消除或减少不利因素，防止局部加强导致结构刚度或强度突变。

3 新增构件与原有构件之间应有可靠连接；新增的抗震墙、柱等竖向构件应有可靠的基础。

4 加固所用材料类型与原结构相同时，其强度等级不应低于原结构材料的实际强度等级。

5 对于不符合鉴定要求的女儿墙、门脸、出屋顶烟囱等易倒塌伤人的非结构构件，应予以拆除或降低高度，需要保持原高度时应加固。

3.0.2 抗震加周的方案、结构布置和连接构造，尚应符合下列要求：

1 不规则的现有建筑，宜使加固后的结构质量和刚度分布较均匀、对称。

2 对抗震薄弱部位、易损部位和不同类型结构的连接部位，其承载力或变形能力宜采取比一般部位增强的措施。

3 宜减少地基基础的加固工程量，多采取提高上部结构抵抗不均匀沉降能力的措施，并应计入不利场地的影响。

4 加固方案应结合原结构的具体特点和技术经济条件的分析，采用新技术、新材料。

5 加固方案宜结合维修改造、改善使用功能，并注意美观。

6 加固方法应便于施工，并应减少对生产、生活的影响。

3.0.3 现有建筑抗震加固设计时，地震作用和抗震结构验算应符合下列规定：

1 当抗震设防烈度为6度时（建造于IV类场地的较高的高层建筑除外），以及本结构和土石墙房屋，可不进行截面抗震验算，但应符合相应的构造要求。

2 加固后结构的分析和结构承载力计算，应符合下列要求：

1）结构的计算简图，应根据加固后的荷载、地震作用和实际受力状况确定；当加固后结构刚度和重力荷载代表值的变化分别不超过原来的10%和5%时，应允许不计入地震作用变化的影响；在条状突出的山嘴、高耸孤立的山丘、非岩石的陡坡、河岸和边坡边缘等不利地段，水平地震作用应按现行国家标准《建筑抗震设计规范》GB 50011的规定乘以增大系数1.1～1.6；

2）结构构件的计算截面面积，应采用实际有效的截面面积；

3）结构构件承载力验算时，应计入实际荷载偏心、结构构件变形等造成的附加内力；并应计入加固后的实际受力程度、新增部分的应变滞后和新旧部分协同工作的程度对承载力的影响。

3 当采用楼层综合抗震能力指数进行结构抗震验算时，体系影响系数和局部影响系数应根据房屋加固后的状态取值，加固后楼层综合抗震能力指数应大于1.0，并应防止出现新的综合抗震能力指数突变的楼层。采用设计规范方法验算时，也应防止加固后出现新的层间受剪承载力突变的楼层。

3.0.6 抗震加固的施工应符合下列要求：

1 应采取措施避免或减少损伤原结构构件。

2 发现原结构或相关工程隐蔽部位的构造有严重缺陷时，应会同加固设计单位采取有效处理措施后方可继续施工。

3 对可能导致的倾斜、开裂或局部倒塌等现象，应预先采取安全措施。

《多孔砖砌体结构技术规范》JGJ 137—2001

5.2.3 设防烈度为6度时，可不进行地震作用计算，但应符合有关的抗震措施规定。

《砖混结构房屋加层技术规范》CECS 78：96

4.1.10 在抗震设防区房屋加层设计尚应满足以下要求：

4.1.10.2 加层房屋抗震设计首先应对不符合抗震要求的原房屋进行抗震加固设计；其次应对加层部分房屋进行抗震设计；同时应对加层后的整体房屋进行抗震验算。

6.4.3 住宅结构中，刚度和承载力有突变的部位，应采取可靠的加强措施。9度抗震设防的住宅，不得采用错层结构、连体结构和带转换层的结构。

相关规范要求如下：

《高层建筑混凝土结构技术规程》JGJ 3—2010

10.1.2 9度抗震设计时不应采用带转换层的结构、带加强层的结构、错层结构和连体结构。

《高层民用建筑钢结构技术规程》JGJ 99—98

第3.1.4条 抗震高层建筑钢结构的体系和布置，应符合下列要求：

四、宜具有均匀的刚度和承载力分布，避免因局部削弱或突变形成薄弱部位，产生过大的应力集中或塑性变形集中；对可能出现的薄弱部位，应采取加强措施。

6.4.4 住宅的砌体结构，应采取有效的措施保证其整体性；在抗震设防地区尚应满足抗震性能要求。

相关规范要求如下：

《砌体结构设计规范》GB 50003—2001

4.1.2 砌体结构应按承载能力极限状态设计，并满足正常使用极限状态的要求。

注：根据砌体结构的特点，砌体结构正常使用极限状态的要求、一般情况下可由相应的构造措施保证。

4.1.3 砌体结构和结构构件在设计使用年限内，在正常维护下，必须保持适合使用，而不需大修加固。设计使用年限可按国家标准《建筑结构可靠度设计统一标准》确定。

6.4.5 底部框架、上部砌体结构住宅中，结构转换层的托墙梁、楼板以及紧邻转换层的竖向结构构件应采取可靠的加强措施；在抗震设防地区，底部框架不应超过2层，并应设置剪力墙。

相关规范要求如下：

《建筑抗震设计规范》GB 50011—2010

3.9.6 钢筋混凝土构造柱和底部框架－抗震墙房屋中的砌体抗震墙，其施工应先砌墙后浇构造柱和框架梁柱。

7.1.2 多层房屋的层数和高度应符合下列要求：

1 一般情况下，房屋的层数和总高度不应超过表7.1.2的规定。

2 横墙较少的多层砌体房屋，总高度应比表7.1.2的规定降低3m，层数相应减少一层；各层横墙很少的多层砌体房屋，还应再减少一层。

注：横墙较少是指同一楼层内开间大于4.2m的房间占该层总面积的40%以上；其中，开间不大于4.2m的房间占该层总面积不到20%且开间大于4.8m的房间占该层总面积的50%以上为横墙很少。

3 6、7度时，横墙较少的丙类多层砌体房屋，当按规定采取加强措施并满足抗震承载力要求时，其高度和层数应允许仍按表 7.1.2 的规定采用。

房屋的层数和总高度限值（m）　　表 7.1.2

房屋类型		最小抗震墙厚度（mm）	烈度和设计基本地震加速度											
			6		7				8				9	
			0.05g		0.10g		0.15g		0.20g		0.30g		0.40g	
			高度	层数	高度	层数	高度	层数	高度	层数	高度	层数	高度	层数
多层砌体房屋	普通砖	240	21	7	21	7	21	7	18	6	15	5	12	4
	多孔砖	240	21	7	21	7	18	6	18	6	15	5	9	3
	多孔砖	190	21	7	18	6	15	5	15	5	12	4	—	—
	小砌块	190	21	7	21	7	18	6	18	6	15	5	9	3
底部框架－抗震房屋	普通砖、多孔砖	240	22	7	22	7	19	6	16	5	—	—	—	—
	多孔砖	190	22	7	19	6	16	5	13	4	—	—	—	—
	小砌块	190	22	7	22	7	19	6	16	5	—	—	—	—

注：① 房屋的总高度指室外地面到主要屋面板板顶或檐口的高度，半地下室从地下室室内地面算起，全地下室和嵌固条件好的半地下室应允许从室外地面算起；对带阁楼的坡屋面应算到山尖墙的 1/2 高度处；

② 室内外高差大于 0.6m 时，房屋总高度应允许比表中的数据适当增加，但增加量应少于 1.0m；

③ 乙类的多层砌体房屋仍按本地区设防烈度查表，其层数应减少一层且总高度应降低 3m；不应采用底部框架－抗震墙砌体房屋；

④ 本表小砌块砌体房屋不包括配筋混凝土小型空心砌块砌体房屋。

4 采用蒸压灰砂砖和蒸压粉煤灰砖的砌体的房屋，当砌体的抗剪强度仅达到普通黏土砖砌体的 70% 时，房屋的层数应比普通砖房减少一层，总高度应减少 3m；当砌体的抗剪强度达到普通黏土砖砌体的取值时，房屋层数和总高度的要求同普通砖房屋。

7.1.5 房屋抗震横墙的间距，不应超过表 7.1.5 的要求：

房屋抗震横墙的间距（m） 表7.1.5

房屋类型		烈度			
		6	7	8	9
多层砌体房屋	现浇或装配整体式钢筋混凝土楼、屋盖	15	15	11	7
	装配式钢筋混凝土楼、屋盖	11	11	9	4
	木屋盖	9	9	4	—
底部框架－抗震墙砌体房屋	上部各层	同多层砌体房屋			—
	底层或底部两层	18	15	11	—

注：① 多层砌体房屋的顶层，除木屋盖外的最大横墙间距应允许适当放宽，但应采取相应加强措施；

② 多孔砖抗震横墙厚度为190mm时，最大横墙间距应比表中数值减少3m。

7.5.7 底部框架－抗震墙砌体房屋的楼盖应符合下列要求：

1 过渡层的底板应采用现浇钢筋混凝土板，板厚不应小于120mm；并应少开洞、开小洞，当洞口尺寸大于800mm时，洞口周边应设置边梁。

2 其他楼层，采用装配式钢筋混凝土楼板时均应设现浇圈梁；采用现浇钢筋混凝土楼板时应允许不另设圈梁，但楼板沿抗震墙体周边均应加强配筋并应与相应的构造柱可靠连接。

7.5.8 底部框架－抗震墙砌体房屋的钢筋混凝土托墙梁，其截面和构造应符合下列要求：

1 梁的截面宽度不应小于300mm，梁的截面高度不应小于跨度的1/10。

2 箍筋的直径不应小于8mm，间距不应大于200mm；梁端在1.5倍梁高且不小于1/5梁净跨范围内，以及上部墙体的洞口处和洞口两侧各500mm且不小于梁高的范围内，箍筋间距不应大于100mm。

3 沿梁高应设腰筋，数量不应少于2ϕ14，间距不应大于200mm。

4 梁的纵向受力钢筋和腰筋应按受拉钢筋的要求锚固在柱内，且支座上部的纵向钢筋在柱内的锚固长度应符合钢筋混凝土框支梁的有关要求。

《轻骨料混凝土结构设计规程》JGJ 12—2006

8.1.3 现浇轻骨料混凝土房屋应根据结构类型、房屋高度、设防烈度采用不同的抗震等级，并应符合相应的计算和构造措施要求。

8.1.4 抗震设防烈度为8度的地区，轻骨科混凝土房屋宜选用剪力墙结构。

6.4.6 住宅中的混凝土结构构件，其混凝土保护层厚度和配筋构造应满足受力性能和耐久性要求。

相关规范要求如下：

《砌体结构设计规范》GB 50003—2001

8.2.6 组合砖砌体构件的构造应符合下列规定：

2 竖向受力钢筋的混凝土保护层厚度，不应小于表8.2.6中的规定。竖向受力钢筋距砖砌体表面的距离不应小于5mm；

混凝土保护层最小厚度（mm） 表8.2.6

环境条件 构件类别	室内正常环境	露天或室内潮湿环境
墙	15	25
柱	25	35

注：当面层为水泥砂浆时，对于柱，保护层厚度可减小5mm。

8.2.8 组合砖墙的材料和构造应符合下列规定：

2 柱内竖向受力钢筋的混凝土保护层厚度，应符合表8.2.6的规定。

《混凝土结构设计规范》GB 50010—2010

3.5.1 混凝土结构应根据设计使用年限和环境类别进行耐久性设计，耐久性设计包括下列内容：

1 确定结构所处的环境类别；

2 提出对混凝土材料的耐久性基本要求；

3 确定构件中钢筋的混凝土保护层厚度；

4 不同环境条件下的耐久性技术措施；

5 提出结构使用阶段检测与维护的要求。

注：对临时性的混凝土结构，可不考虑混凝土的耐久性要求。

3.5.2 混凝土结构暴露的环境类别应按表3.5.2的要求划分。

混凝土结构的环境类别 表3.5.2

环境类别	条 件
一	室内干燥环境； 无侵蚀性静水浸没环境
二a	室内潮湿环境； 非严寒和非寒冷地区的露天环境； 非严寒和非寒冷地区与无侵蚀性的水或土壤直接接触的环境； 严寒和寒冷地区的冰冻线以下与无侵蚀性的水或土壤直接接触的环境
二b	干湿交替环境； 水位频繁变动环境； 严寒和寒冷地区的露天环境； 严寒和寒冷地区冰冻线以上与无侵蚀性的水或土壤直接接触的环境
三a	严寒和寒冷地区冬季水位变动区环境； 受除冰盐影响环境； 海风环境

续表

环境类别	条 件
三 b	盐渍土环境； 受除冰盐作用环境； 海岸环境
四	海水环境
五	受人为或自然的侵蚀性物质影响的环境

注：① 室内潮湿环境是指构件表面经常处于结露或湿润状态的环境；
② 严寒和寒冷地区的划分应符合国家现行标准《民用建筑热工设计规范》GB 50176 的有关规定；
③ 海岸环境和海风环境宜根据当地情况，考虑主导风向及结构所处迎风、背风部位等因素的影响，由调查研究和工程经验确定；
④ 受除冰盐影响环境是指受到除冰盐盐雾影响的环境；受除冰盐作用环境是指被除冰盐溶液溅射的环境以及使用除冰盐地区的洗车房、停车楼等建筑；
⑤ 暴露的环境是指混凝土结构表面所处的环境。

3.5.3 设计使用年限为 50 年的混凝土结构，其混凝土材料宜符合表 3.5.3 的规定。

结构混凝土材料的耐久性基本要求　　表 3.5.3

环境等级	最大水胶比	最低强度等级	最大氯离子含量（%）	最大碱含量（kg/m^3）
一	0.60	C20	0.30	不限制
二 a	0.55	C25	0.20	3.0
二 b	0.50（0.55）	C30（C25）	0.15	
三 a	0.45（0.50）	C35（C30）	0.15	
三 b	0.40	C40	0.10	

注：① 氯离子含量系指其占胶凝材料总量的百分比；
② 预应力构件混凝土中的最大氯离子含量为 0.06%；最低混凝土强度等级宜按表中的规定提高两个等级；
③ 素混凝土构件的水胶比及最低强度等级的要求可适当放松；
④ 有可靠工程经验时，二类环境中的最低混凝土强度等级可降低一个等级；
⑤ 处于严寒和寒冷地区二 b、三 a 类环境中的混凝土应使用引气剂，并可采用括号中的有关参数；
⑥ 当使用非碱活性骨料时，对混凝土中的碱含量可不作限制。

3.5.4 混凝土结构及构件尚应采取下列耐久性技术措施：

1 预应力混凝土结构中的预应力筋应根据具体情况采取表面防护、孔道灌浆、加大混凝土保护层厚度等措施，外露的锚固端应采取封锚和混凝土表面处理等有效措施；

2 有抗渗要求的混凝土结构，混凝土的抗渗等级应符合有关标准的要求；

3 严寒及寒冷地区的潮湿环境中，结构混凝土应满足抗冻要求，混凝土抗冻等级应符合有关标准的要求；

4 处于二、三类环境中的悬臂构件宜采用悬臂梁－板的结构形式，或在其上表面增设防护层；

5 处于二、三类环境中的结构构件，其表面的预埋件、吊钩、连接件等金属部件应采取可靠的防锈措施，对于后张预应力混凝土外露金属锚具，其防护要求见本规范第10.3.13条；

6 处在三类环境中的混凝土结构构件，可采用阻锈剂、环氧树脂涂层钢筋或其他具有耐腐蚀性能的钢筋、采取阴极保护措施或采用可更换的构件等措施。

3.5.5 一类环境中，设计使用年限为100年的混凝土结构应符合下列规定：

1 钢筋混凝土结构的最低强度等级为C30；预应力混凝土结构的最低强度等级为C40；

2 混凝土中的最大氯离子含量为0.06%；

3 宜使用非碱活性骨料，当使用碱活性骨料时，混凝土中的最大碱含量为3.0kg/m³；

4 混凝土保护层厚度应按本规范第 8.2.1 条的规定；当采取有效的表面防护措施时，混凝土保护层厚度可适当减小。

3.5.6 二、三类环境中，设计使用年限 100 年的混凝土结构应采取专门的有效措施。

3.5.7 耐久性环境类别为四类和五类的混凝土结构，其耐久性要求应符合有关标准的规定。

3.5.8 混凝土结构在设计使用年限内尚应遵守下列规定：

1 建立定期检测、维修制度；

2 设计中可更换的混凝土构件应按规定更换；

3 构件表面的防护层，应按规定维护或更换；

4 结构出现可见的耐久性缺陷时，应及时进行处理。

8.2.1 构件中普通钢筋及预应力筋的混凝土保护层厚度应满足下列要求。

1 构件中受力钢筋的保护层厚度不应小于钢筋的公称直径 d。

2 设计使用年限为 50 年的混凝土结构，最外层钢筋的保护层厚度应符合表 8.2.1 的规定；设计使用年限为 100 年的混凝土结构，最外层钢筋的保护层厚度不应小于表 8.2.1 中数值的 1.4 倍。

混凝土保护层的最小厚度 c（mm） 表 8.2.1

环境类别	板、墙、壳	梁、柱、杆
一	15	20
二 a	20	25
二 b	25	35
三 a	30	40
三 b	40	50

注：① 混凝土强度等级不大于 C25 时，表中保护层厚度数值应增加 5mm；

② 钢筋混凝土基础宜设置混凝土垫层，基础中钢筋的混凝土保护层厚度应从垫层顶面算起，且不应小于 40mm。

8.2.2 当有充分依据并采取下列措施时，可适当减小混凝土保护层的厚度。

1 构件表面有可靠的防护层；

2 采用工厂化生产的预制构件；

3 在混凝土中掺加阻锈剂或采用阴极保护处理等防锈措施；

4 当对地下室墙体采取可靠的建筑防水做法或防护措施时，与土层接触一侧钢筋的保护层厚度可适当减少，但不应小于25mm。

9.4.6 墙中配筋构造应符合下列要求：

1 墙竖向分布钢筋可在同一高度搭接，搭接长度不应小于$1.2l_a$；

2 墙水平分布钢筋的搭接长度不应小于$1.2l_a$。同排水平分布钢筋的搭接接头之间以及上、下相邻水平分布钢筋的搭接接头之间，沿水平方向的净间距不宜小于500mm；

3 墙中水平分布钢筋应伸至墙端，并向内水平弯折$10d$，d为钢筋直径；

4 端部有翼墙或转角的墙，内墙两侧和外墙内侧的水平分布钢筋应伸至翼墙或转角外边，并分别向两侧水平弯折$15d$。在转角墙处，外墙外侧的水平分布钢筋应在墙端外角处弯入翼墙，并与翼墙外侧的水平分布钢筋搭接；

5 带边框的墙，水平和竖向分布钢筋宜分别贯穿柱、梁或锚固在柱、梁内。

9.4.7 墙洞口连梁应沿全长配置箍筋，箍筋直径不应小于6mm，间距不宜大于150mm。在顶层洞口连梁纵向钢筋伸入墙内的锚固长度范围内，应设置间距不大于150mm的箍筋，箍筋直径宜与跨内箍筋直径相同。同时，门窗洞边的竖向钢筋应满足受拉钢筋锚固长度的要求。

墙洞口上、下两边的水平钢筋除应满足洞口连梁正截面受弯承载力的要求外，尚不应少于2根直径不小于12mm的钢筋。对于计算分析中可忽略的洞口，洞边钢筋截面面积分别不宜小于洞口截断的水平分布钢筋总截面面积的一半。纵向钢筋自洞口边伸入墙内的长度不应小于受拉钢筋的锚固长度。

6.4.7 住宅的普通钢结构、轻型钢结构构件及其连接应采取有效的防火、防腐措施。

相关规范要求如下：

《钢结构设计规范》GB 50017—2003

8.9.1 钢结构除必须采取防锈措施（除锈后涂以油漆或金属镀层等）外，尚应在构造上尽量避免出现难于检查、清刷和油漆之处以及能积留湿气和大量灰尘的死角或凹槽。闭口截面构件应沿全长和端部焊接封闭。

钢结构防锈和防腐蚀采用的涂料、钢材表面的除锈等级以及防腐蚀对钢结构的构造要求等，应符合现行国家标准《工业建筑防腐蚀设计规范》GB 50046和《涂装前钢材表面锈蚀等级和除锈等级》GB/T 8923的规定。在设计文件中应注明所要求的钢材除锈等级和所要用的涂料（或镀层）及涂（镀）层厚度。

除有特殊需要外，设计中一般不应因考虑锈蚀而再加大钢材截面的厚度。

8.9.2 设计中使用年限大于或等于25年的建筑物，对使用期间不能重新油漆的结构部位应采取特殊的防锈措施。

8.9.4 钢结构的防火应符合现行国家标准《建筑设计防火规范》GB 50016和《高层民用建筑设计防火规范》GB 50045的要求，结构构件的防火保护层应根据建筑物的防火等级对各不同的构件所要求的耐火极限进行设计。防火涂料的性能、涂层厚度及质量要求应符合现行国家标准《钢结构防火涂料》GB 14907 和国家现行标准《钢结构防火涂料应用技术规范》CECS 24 的规定。

《建筑防腐蚀工程施工及验收规范》GB 50212—2002

3.2 钢结构基层

3.2.1 钢结构表面应平整，施工前应把焊渣、毛刺、铁锈、油污等清除干净。

3.2.6 已经处理的钢结构表面，不得再次污染，当受到二次污染时，应再次进行表面处理。

3.2.7 对污染严重的钢结构和改建、扩建工程中腐蚀严重的钢结构，应进行表面预处理，处理方法应符合下列规定：

1 被油脂污染的钢结构表面，可采用有机溶剂，热碱液或乳化剂以及烘烤等方法去除油脂。

2 被氧化物污染或附着有旧漆层的钢结构表面，可采用铲除、烘烤等方法清理。

3.2.8 经处理的钢结构基层，应及时涂刷底层涂料，间隔时间不应超过 5h。

《民用房屋修缮工程施工规程》CJJ/T 53—93

5.3.1 钢构件油饰时，应清除锈蚀、原有老旧油皮、污垢等节点和不便清除的部位，可采取以下除锈措施：

5.3.1.1 酸洗除锈，应用稀释酸清除构件表面的全部锈蚀，并清洗干净。

5.3.1.2 喷砂除锈，应清除至构件露出金属灰白色，不得有局部黄色存在。

5.3.1.3 钢丝刷除锈，应清除至露出金属表面原色。

5.3.2 旧漆膜坚固完整时，应刷去污物，清洗干净，干燥后，再打磨涂漆；当旧有油漆附着力损坏时，可采用碱水清洗、火喷、刷脱漆剂等方法除漆，并应将旧漆膜全部清除干净。

5.3.3 钢构件除锈后，宜在6h内涂刷第一遍防锈漆，充分干燥后，再涂刷次层油漆，并不宜超过7d。涂刷面漆前，应打磨光平干净。

5.3.4 涂刷油漆的遍数和厚度，当设计无要求时，宜涂刷4～5遍，涂膜总厚度，室外为125～175μm，室内100～150μm，施工温度以5～38℃为宜。

5.3.5 当钢构件不能立即涂刷防锈、防腐涂料时，应采取防止构件表面锈蚀措施。对加固修换杆件后不便涂刷的钢构件，应在施工前刷好防锈漆或其他防锈材料。

5.3.6 钢结构构件在修换过程中，损坏的涂层部分以及修换连接处，必须涂刷油漆。

5.3.7 涂料稀释剂的使用，必须配套合理，修缮施工时，应注意环境温度、湿度的影响。

5.3.8 钢结构的修缮施工，除严格按查勘设计外，尚应符合钢结构防火施工的有关规定。

5.3.9 钢构件的防火保护，应符合下列规定：

5.3.9.1 用喷涂防火材料保护施工前，应清除构件表面的浮锈和污物。喷涂防锈底漆及各涂层厚度，应达到查斟设计要求。

5.3.9.2 用板材包覆保护施工时，应用粘结剂等固定。构件为开口型截面时，应在板的接缝部位插入隔板，当板的层数为两层或两层以上时，各层板缝应错开一定距离。

5.3.9.3 当用预制定型套包覆时，套的纵向接缝，应用粘结剂、固定条固定牢靠。

5.3.9.4 当采用浇筑混凝土保护时，混凝土内宜用细箍筋或钢丝网进行加固，在混凝土表面喷涂防火涂料。

《高层民用建筑钢结构技术规程》JGJ 99—98

第10.10.3条 钢结构的防锈涂料和涂层厚度应符合设计要求，涂料应配套使用。

第10.10.4条 对规定的工厂内涂漆的表面，要用机械或手工方法彻底清除浮锈和浮物。

第12.3.1条 钢结构的防火保护层厚度和总体构造要求应在设计时规定，由专业施工单位负责实施。建设单位应组织当地消防监督部门与设计、施工单位进行竣工验收。

第12.3.2条 钢结构的防火构造与施工，在符合现行国家标准的前提下，应由设计单位、施工单位和防火保护材料生产厂共同商讨确定实施方案。

第12.3.3条 处于侵蚀性介质环境中的钢结构，应采取相应的保护措施。

第12.3.4条 柱的防火保护措施应符合下列规定之一：

一、采用喷涂防火涂料保护。应采用厚涂型钢结构防火涂料，其涂层厚度应达到设计值，且节点部位宜作加厚处理。喷涂场地要求、构件表面处理、接缝填补、涂料配制、喷涂遍数、质量控制与验收等，均应符合现行国家标准《钢结构防火涂料应用技术条件》CECS 24 的规定。当采用粘结强度小于0.05MPa的钢结构防火涂料时，涂层内应设置与钢构件相连的钢丝网。

二、采用防火板材包复保护。当采用石膏板、蛭石板、硅酸钙板、珍珠岩板等硬质防火板材包复时，板材可用粘结剂或钢件固定，构件的粘贴面应作防锈去污处理，非粘贴面均应涂刷防锈漆。当包复层数等于或大于十二层时，各层板应分别固定，板缝应相互错开，接缝的错开距离不宜小于400mm。当采用岩棉、矿棉等软质板材包复时，应采用薄金属板或其他不燃性板材包裹起来。

第12.3.5条 梁的防火保护措施应符合下列规定之一：

一、采用喷涂防火涂料保护。应采用厚涂型钢结构防火涂料，其涂层厚度应达到设计值，节点部位宜作加厚处理。喷涂场地要求、构件表面处理、接缝填补、涂料配制、喷涂遍数、质量控制与验收等，均应符合现行国家标准《钢结构防火涂料应用技术条件》CECS 24的规定。

当遇下列情况之一时，涂层内应设置与钢构件相连的钢丝网：

1. 承受冲击、振动荷载的梁；

2. 涂层厚度等于或大于40mm的梁；

3. 粘结强度小于或等于0.05MPa的钢结构防火涂料；

4. 腹板高度超过1.5m的梁。

二、采用防火板材包复保护。可按本规程第12.3.4条的规定实施。

当楼板下的空间用不燃性板材封闭时，次梁可不作防火保护。

第12.3.6条 楼板的防火保护措施应符合下列规定：

当压型钢板作为承重楼板结构时，应采用喷涂钢

6.4.8 住宅木结构构件应采取有效的防火、防潮、防腐、防虫措施。

结构防火涂料或粘贴防火板材的保护措施，并应按照本章第12.3.4条的规定实施。

当管道穿过楼板时，其贯通孔应采用防火堵料填塞。

第12.3.7条 屋盖的防火保护措施应符合下列规定之一：

一、钢结构屋盖采用厚涂型钢结构防火涂料保护；中庭桁架采用薄涂型钢结构防火涂料保护或设置喷水灭火保护系统。

二、当钢结构屋盖采用自动喷水灭火装置保护时，可不作喷涂钢结构防火涂料保护。

相关规范要求如下：

《木结构设计规范》GB 50005—2003

10.2.1 木结构建筑构件的燃烧性能和耐火极限不应低于表10.2.1的规定。

木结构建筑中构件的燃烧性能和耐火极限　表10.2.1

构件名称	耐火极限（h）
防火墙	不燃烧体3.00
承重墙、分户墙、楼梯和电梯井墙体	难燃烧体1.00
非承重外墙、疏散走道两侧的隔墙	难燃烧体1.00
分隔室墙	难燃烧体0.50
多层承重柱	难燃烧体1.00
单层承重柱	难燃烧体1.00
梁	难燃烧体1.00
楼盖	难燃烧体1.00
屋顶承重构件	难燃烧体1.00

续表

构件名称	耐火极限（h）
疏散楼梯	难燃烧体 0.50
室内吊顶	难燃烧体 0.25

注：① 屋顶表层应采用不可燃烧材料；

② 当同一座木结构建筑由不同高度组成，较低部分的屋顶承重构件必须是难燃烧体，耐火极限不应小于 1.00h。

10.3.1 木结构建筑不应超过三层。不同层数建筑最大允许长度和防火分区面积不应超过表 10.3.1 的规定。

木结构建筑的层数、长度和面积　　表 10.3.1

层数	最大允许长度（m）	每层最大允许面积（m^2）
单层	100	1200
两层	80	900
三层	60	60

注：安装有自动喷水灭火系统的木结构建筑，每层楼最大允许长度、面积应允许在表 10.3.1 的基础上扩大一倍。局部设置时，应按局部面积计算。

10.4.1 木结构建筑之间、木结构建筑与其他耐火等级的建筑之间的防火间距不应小于表 10.4.1 的规定。

木结构建筑的防火间距（m）　　表 10.4.1

建筑种类	一、二级建筑	三级建筑	木结构建筑	四级建筑
木结构建筑	8.00	9.00	10.00	11.00

注：防火间距应按相邻建筑外墙的最近距离计算，当外墙有突出的可燃构件时，应从突出部分的外缘算起。

10.4.2 两座木结构建筑之间、木结构建筑与其他结构建筑之间的外墙均无任何门窗洞口时，其防火间距不应小于 4.00m。

10.4.3 两座木结构之间、木结构建筑与其他耐火等级的建筑之间，外墙的门窗洞口面积之和不超过该外墙面积的10%时，其防火间距不应小于表10.4.3的规定。

外墙开口率小于10%时的防火间距 表10.4.3

建筑种类	一、二、三级建筑	木结构建筑	四级建筑
木结构建筑	5.00	6.00	7.00

11.0.1 木结构的下列部位应采取防潮和通风措施：

1 在桁架和大梁的支座下设置防潮层；

2 在木柱下应设置柱墩，严禁将木柱直接埋入土中；

3 桁架、大梁的支座节点或其他承重木构件不得封闭在墙、保温层或其他通风不良的环境中（图11.0.1-1和图11.0.1-2）；

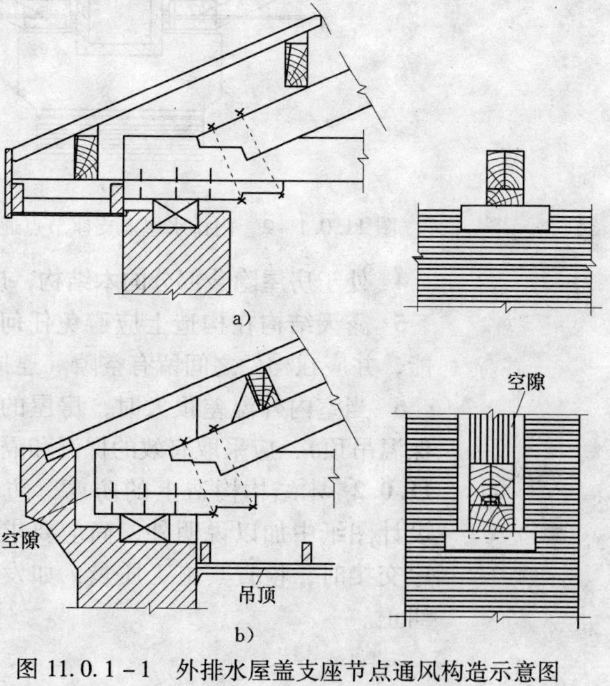

图11.0.1-1 外排水屋盖支座节点通风构造示意图

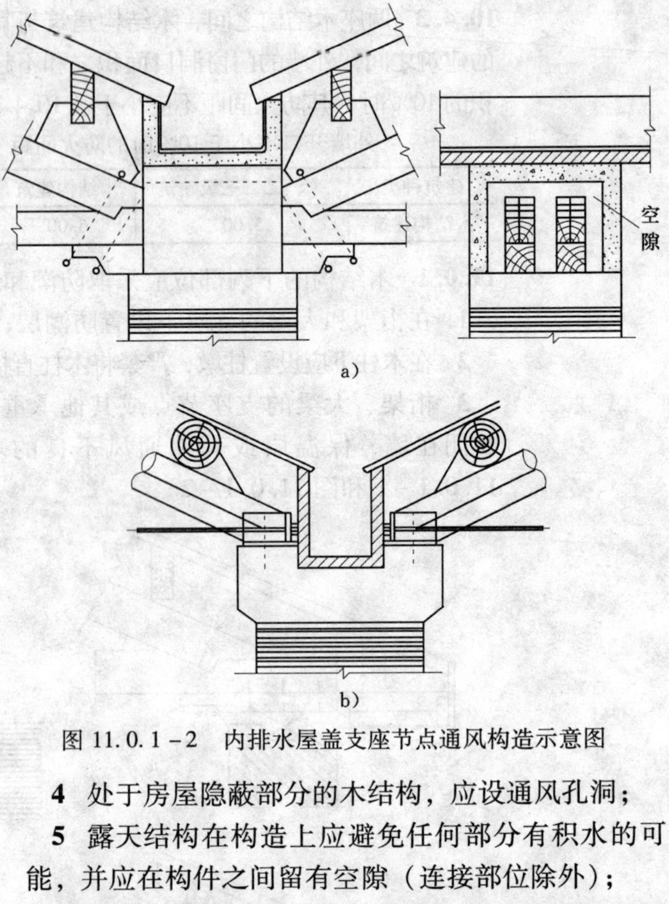

图 11.0.1－2　内排水屋盖支座节点通风构造示意图

4 处于房屋隐蔽部分的木结构，应设通风孔洞；

5 露天结构在构造上应避免任何部分有积水的可能，并应在构件之间留有空隙（连接部位除外）；

6 当室内外温差很大时，房屋的围护结构（包括保温吊顶），应采取有效的保温和隔气措施。

11.0.2 木结构构造上的防腐、防虫措施，除应在设计图纸中加以说明外，尚应要求在施工的有关工序交接时，检查其施工质量，如发现有问题应立即纠正。

6.4.9 依附于住宅结构的围护结构和非结构构件，应采取与主体结构可靠的连接或锚固措施，并应满足安全性和适用性要求。

本条中“围护结构”主要指直接面向建筑室外的非承重墙体，各类建筑幕墙（包括采光顶）等，相对于主体而言实际上属于“非结构构件”。相关规范要求如下：

《建筑抗震设计规范》GB 50011—2010

3.7.1 非结构构件，包括建筑非结构构件和建筑附属机电设备，自身及其与结构主体的连接，应进行抗震设计。

3.7.2 非结构构件的抗震设计，应由相关专业人员分别负责进行。

3.7.3 附着于楼、屋面结构上的非结构构件，以及楼梯间的非承重墙体，应与主体结构有可靠的连接或锚固，避免地震时倒塌伤人或砸坏重要设备。

3.7.4 框架结构的围护墙和隔墙，应估计其设置对结构抗震的不利影响，避免不合理设置而导致主体结构的破坏。

3.7.5 幕墙、装饰贴面与主体结构应有可靠连接，避免地震时脱落伤人。

3.7.6 安装在建筑上的附属机械、电气设备系统的支座和连接，应符合地震时使用功能的要求，且不应导致相关部件的损坏。

10.2.5 屋面围护系统、吊顶及悬吊物等非结构构件应与结构可靠连接，其抗震措施应符合本规范第13章的有关规定。

13.1.2 非结构构件应根据所属建筑的抗震设防类别和非结构地震破坏的后果及其对整个建筑结构影响的范围，采取不同的抗震措施，达到相应的性能化设计目标。

建筑非结构构件和建筑附属机电设备实现抗震性能化设计目标的某些方法可按本规范附录 M 第 M.2 节执行。

13.1.3 当抗震要求不同的两个非结构构件连接在一起时，应按较高的要求进行抗震设计。其中一个非结构构件连接损坏时，应不致引起与之相连接的有较高要求的非结构构件失效。

《建筑抗震鉴定标准》GB 50023—2009

3.0.4 现有建筑宏观控制和构造鉴定的基本内容及要求，应符合下列规定：

7 非结构构件与主体结构的连接构造应满足不倒塌伤人的要求；位于出入口及人流通道等处，应有可靠的连接。

7 室内环境

7.1 噪声和隔声

7.1.1 住宅应在平面布置和建筑构造上采取防噪声措施。卧室、起居室在关窗状态下的白天允许噪声级为50dB（A声级），夜间允许噪声级为40dB（A声级）。

相关规范要求如下：

《民用建筑隔声设计规范》GB 50118—2010

3.0.1 在城市规划中，从功能区的划分、交通道路网的分布、绿化与隔离带的设置、有利地形和建筑物屏蔽的利用，均应符合防噪设计要求。住宅、学校、医院等建筑，应远离机场、铁路线、编组站、车站、港口、码头等存在显著噪声影响的设施。

3.0.2 新建居住小区临交通干线、铁路线时，宜将对噪声不敏感的建筑物作为建筑声屏障，排列在小区外围。交通干线、铁路线旁边，噪声敏感建筑物的声环境达不到现行国家标准《声环境质量标准》GB 3096的规定时，可在噪声源与噪声敏感建筑物之间采取设置声屏障等隔声措施。交通干线不应贯穿小区。

3.0.3 产生噪声的建筑服务设备等噪声源的设置位置、防噪设计，应按下列规定：

1 锅炉房、水泵房、变压器室、制冷机房宜单独设置在噪声敏感建筑之外。住宅、学校、医院、旅馆、办公等建筑所在区域内有噪声源的建筑附属设施，其设置位置应避免对噪声敏感建筑物产生噪声干扰，必要时应作防噪处理。区内不得设置未经有效处理的强噪声源。

2 确需在噪声敏感建筑物内设置锅炉房、水泵房、变压器室、制冷机房时，若条件许可，宜将噪声源设置在地下，但不宜毗邻主体建筑或设在主体建筑下。并且应采取有效的隔振、隔声措施。

3 冷却落、热泵机组宜设置在对噪声敏感建筑物噪声干扰较小的位置。当冷却塔、热泵机组的噪声在周围环境超过现行国家标准《声环境质量标准》GB 3096 的规定时，应对冷却塔、热泵机组采取有效的降低或隔离噪声措施。冷却塔、热泵机组设置在楼顶或裙房顶上时，还应采取有效的隔振措施。

3.0.4 在进行建筑设计前，应对环境及建筑物内外的噪声源作详细的调查与测定，并应对建筑物的防噪间距、朝向选择及平面布置等应作综合考虑，仍不能达到室内安静要求时，应采取建筑构造上的防噪措施。

3.0.5 安静要求较高的民用建筑，宜设置于本区域主要噪声源夏季主导风向的上风侧。

4.1.1 卧室、起居室（厅）内的噪声级，应符合表 4.1.1 的规定。

卧室、起居室（厅）内的允许噪声级 表 4.1.1

房间名称	允许噪声级（A 声级，dB）	
	昼间	夜间
卧室	≤45	≤47
起居室（厅）	≤45	

4.1.2 高要求住宅的卧室、起居室（厅）内的噪声级，应符合表 4.1.2 的规定。

高要求住宅的卧室、起居室（厅）内的允许噪声级

表 4.1.2

房间名称	允许噪声级（A 声级，dB）	
	昼间	夜间
卧室	≤40	≤30
起居室（厅）	≤40	

4.2.1 分户墙、分户楼板及分隔住宅和非居住用途空间楼板的空气声隔声性能，应符合表 4.2.1 的规定。

分户构件空气声隔声标准　表 4.2.1

构件名称	空气声隔声单值评价量 + 频谱修正量（dB）	
分户墙、分户楼板	计权隔声量 + 粉红噪声频谱修正量 $R_w + C$	>45
分隔住宅和非居住用途空间的楼板	计权隔声量 + 交通噪声频谱修正量 $R_w + C_{tr}$	>51

4.2.2 相邻两户房间之间及住宅和非居住用途空间分隔楼板上下的房间之间的空气声隔声性能，应符合表 4.2.2 的规定。

房间之间空气声隔声标准　表 4.2.2

房间名称	空气声隔声单值评价量 + 频谱修正量（dB）	
卧室、起居室（厅）与邻户房间之间	计权标准化声压级差 + 粉红噪声频谱修正量 $D_{nT,w} + C$	≥45
住宅和非居住用途空间分隔楼板上下的房间之间	计权标准化声压级差 + 交通噪声频谱修正量 $D_{nT,w} + C_{tr}$	≥51

4.2.3 高要求住宅的分房墙、分户楼板的空气声隔声性能，应符合表4.2.3的规定。

高要求住宅分户构件空气声隔声标准　表4.2.3

构件名称	空气声隔声单值评价量＋频谱修正量（dB）	
分户墙、分户楼板	计权隔声量＋粉红噪声频谱修正量 $R_w + C$	>50

4.2.4 高要求住宅相邻两户房间之间的空气声隔声性能，应符合表4.2.4的规定。

高要求住宅房间之间空气声隔声标准　表4.2.4

房间名称	空气声隔声单值评价量＋频谱修正量（dB）	
卧室、起居室（厅）与邻户房间之间	计权标准化声压级差＋粉红噪声频谱修正量 $D_{nT,w} + C$	≥50
相邻两户的卫生间之间	计权标准化声压级差＋粉红噪声频谱修正量 $D_{nT,w} + C$	≥45

4.2.5 外窗（包括未封闭阳台的门）的空气声隔声性能，应符合表4.2.5的规定。

外窗（包括未封闭阳台的门）的空气声隔声标准

表4.2.5

构件名称	空气声隔声单值评价量＋频谱修正量（dB）	
交通干线两侧卧室、起居室（厅）的窗	计权隔声量＋交通噪声频谱修正量 $R_w + C_{tr}$	≥30
其他窗	计权隔声量＋交通噪声频谱修正量 $R_w + C_{tr}$	≥25

4.2.6 外墙、户（套）门和户内分室墙的空气声隔声性能，应符合表4.2.6的规定。

外墙、户（套）门和户内分室墙的空气声隔声标准

表4.2.6

构件名称	空气声隔声单值评价量 + 频谱修正量（dB）	
外墙	计权隔声量 + 交通噪声频谱修正量 $R_w + C_{tr}$	≥45
户（套）门	计权隔声量 + 粉红噪声频谱修正量 $R_w + C$	≥25
户内卧室墙	计权隔声量 + 粉红噪声频谱修正量 $R_w + C$	≥35
户内其他分室墙	计权隔声量 + 粉红噪声频谱修正量 $R_w + C$	≥30

4.2.7 卧室、起居室（厅）的分户楼板的撞击声隔声性能，应符合表4.2.7的规定。

分户楼板撞击声隔声标准　　表4.2.7

构件名称	撞击声隔声单值评价量（dB）	
卧室、起居室（厅）的分户楼板	计权标准化撞击声压级 $L_{n,w}$（实验室测量）	<75
	计权标准化撞击声压级 $L'_{nT,w}$（现场测量）	≤75

注：当确有困难时，可允许住宅分户楼板的撞击声隔声单值评价量小于或等于85dB，但在楼板结构上应预留改善的可能条件。

4.2.8 高要求住宅卧室、起居室（厅）的分户楼板的撞击声隔声性能，应符合表4.2.8的规定。

高要求住宅分户楼板撞击声隔声标准　　表4.2.8

构件名称	撞击声隔声单值评价量（dB）	
卧室、起居室（厅）的分户楼板	计权规范化撞击声压级 $L_{n,w}$（实验室测量）	<65
	计权标准化撞击声压级 $L'_{nT,w}$（现场测量）	≤65

4.3 隔声减噪设计

4.3.1 与住宅建筑配套而建的停车场、儿童游戏场或健身活动场地的位置选择，应避免对住宅产生噪声干扰。

4.3.2 当住宅建筑位于交通干线两侧或其他高噪声环境区域时，应根据室外环境噪声状况及本章第4.1节规定的室内允许噪声级，确定住宅防噪措施和设计具有相应隔声性能的建筑围护结构（包括墙体、窗、门等构件）。

4.3.3 在选择住宅建筑的体形、朝向和平面布置时，应充分考虑噪声控制的要求，并应符合下列规定：

1 在住宅平面设计时，应使分户墙两侧的房间和分户楼板上下的房间属于同一类型。

2 宜使卧室、起居室（厅）布置在背噪声源的一侧。

3 对进深有较大变化的平面布置形式，应避免相邻户的窗口之间产生噪声干扰。

4.3.4 电梯不得紧邻卧室布置，也不宜紧邻起居室（厅）布置。受条件限制需要紧邻起居室（厅）布置时，应采取有效的隔声和减振措施。

4.3.5 当厨房、卫生间与卧室、起居室（厅）相邻时，厨房、卫生间内的管道、设备等有可能传声的物体，不宜设在厨房、卫生间与卧室、起居室（厅）之间的隔墙上。对固定于墙上且可能引起传声的管道等物件，应采取有效的减振、隔声措施。主卧室内卫生间的排水管道宜做隔声包覆处理。

4.3.6 水、暖、电、燃气、通风和空调等管线安装及孔洞处理应符合下列规定：

1 管线穿过楼板或墙体时，孔洞周边应采取密封隔声措施。

2 分户墙中所有电气插座、配电箱或嵌入墙内对墙体构造造成损伤的配套构件，在背对背设置时应相互错开位置，并应对所开的洞（槽）有相应的隔声封堵措施。

3 对分户墙上施工洞口或剪力墙抗震设计所开洞口的封堵，应采用满足分户墙隔声设计要求的材料和构造。

4 相邻两户间的排烟、排气通道，宜采取防止相互串声的措施。

4.3.7 现浇、大板或大模等整体性较强的住宅建筑，在附着于墙体和楼板上可能引起传声的设备处和经常产生撞击、振动的部位，应采取防止结构声传播的措施。

4.3.8 住宅建筑的机电服务设备、器具的选用及安装，应符合下列规定：

1 机电服务设备，宜选用低噪声产品，并应采取综合手段进行噪声与振动控制。

2 设置家用空调系统时，应采取控制机组噪声和风道、风口噪声的措施。预留空调室外机的位置时，应考虑防噪要求，避免室外机噪声对居室的干扰。

3 排烟、排气及给排水器具，宜选用低噪声产品。

4.3.9 商住楼内不得设置高噪声级的文化娱乐场所，也不应设置其他高噪声级的商业用房。对商业用房内可能会扰民的噪声源和振动源，应采取有效的防治措施。

7.1.2 楼板的计权标准化撞击声压级不应大于75dB。

应采取构造措施提高楼板的撞击声隔声性能。

相关规范要求如下：

《住宅设计规范》GB 50096—1999（2003年版）

5.3.1 住宅的卧室、起居室（厅）内的允许噪声级（A声级）昼间应小于或等于50dB，夜间应小于或等于40dB，分户墙与楼板的空气声的计权隔声量应大于或等于40dB，楼板的计权标准化撞击声压级宜小于或等于75dB。

5.3.2 住宅的卧室、起居室（厅）宜布置在背向噪声源的一侧。

7.1.3 空气声计权隔声量，楼板不应小于40dB（分隔住宅和非居住用途空间的楼板不应小于55dB），分户墙不应小于40dB，外窗不应小于30dB，户门不应小于25dB。

应采取构造措施提高楼板、分户墙、外窗、户门的空气声隔声性能。

相关规范要求如下：

《民用建筑设计通则》GB 50352—2005

7.5.2 不同房间围护结构（隔墙、楼板）的空气声隔声标准应符合表7.5.2规定。

空气声隔声标准　　表7.5.2

建筑类别	围护结构部位	计权隔声量（dB）			
		特级	一级	二级	三级
住宅	分户墙、楼板	—	≥50	≥45	≥40

7.5.3 不同房间楼板撞击声隔声标准应符合表7.5.3的规定。

撞击声隔声标准　　表7.5.3

建筑类别	楼板部位	计权标准化撞击声压级（dB）			
		特级	一级	二级	三级
住宅	分户层间	—	≤65	≤75	≤75

7.5.4 民用建筑的隔声减噪设计应符合下列规定：

1 对于结构整体性较强的民用建筑，应对附着于墙体和楼板的传声源部件采取防止结构声传播的措施；

3 安静要求较高的房间内设置吊顶时，应将隔强砌至梁、板底面；采用轻质隔强时，其隔声性能应符合有关隔声标准的规定。

7.1.4 水、暖、电、气管线穿过楼板和墙体时，孔洞周边应采取密封隔声措施。

相关规范要求如下：

《采暖通风与空气调节设计规范》GB 50019—2003

9.2.6 管道穿过机房围护结构处四周的缝隙，应使用具备隔声能力的弹性材料填充密实。

7.1.5 电梯不应与卧室、起居室紧邻布置。受条件限制需要紧邻布置时，必须采取有效的隔声和减振措施。

相关规范要求如下：

《住宅设计规范》GB 50096—1999（2003 年版）

5.3.3 电梯不应与卧室、起居室（厅）紧邻布置。凡受条件限制需要紧邻布置时，必须采取隔声、减振措施。

《民用建筑隔声设计规范》GB 50118—2010

4.3.4 电梯不得紧邻卧室布置，也不宜紧邻起居室（厅）布置。受条件限制需要紧邻起居室（厅）布置时，应采取有效的隔声和减振措施。

《民用建筑设计通则》GB 50352—2005

6.8.1 电梯设置应符合下列规定：

5 电梯井道和机房不宜与有安静要求的用房贴邻布置，否则应采取隔振、隔声措施；

7.5.4 民用建筑的隔声减噪设计应符合下列规定：

2 有噪声和振动的设备用房应采取隔声、隔振和吸声的措施，并应对设备和管道采取减振、消声处理；平面布置中，不宜将有噪声和振动的设备用房设在主要用房的直接上层或贴邻布置，当其设在同一楼层时，应分区布置；

7.1.6 管道井、水泵房、风机房应采取有效的隔声措施，水泵、风机应采取减振措施。

相关规范要求如下：

《采暖通风与空气调节设计规范》GB 50019—2003

9.1.1 采暖、通风与空气调节系统的消声与隔振设计计算，应根据工艺和使用的要求、噪声和振动的大小、频率特性及其传播方式确定。

9.1.2 采暖、通风与空气调节系统噪声传播至使用房间和周围环境的噪声级，应符合国家现行有关标准的规定。

9.1.3 采暖、通风与空气调节系统噪声传播至使用房间和周围环境的振动级，应符合国家现行有关标准的规定。

9.1.4 设置风系统管道时，消声处理后的风管不宜穿过高噪声的房间；噪声高的风管，不宜穿过噪声要求低的房间，当必须穿过时，应采取隔声处理。

9.1.5 有消声要求的通风与空气调节系统，其风管内的风速，宜按表9.1.5选用。

风管内的风速（m/s） 表9.1.5

室内允许噪声级 dB（A）	主管风速	支管风速
25～35	3～4	≤2
35～50	4～7	2～3
50～65	6～9	3～5
65～85	8～12	5～8

注：通风机与消声装置之间的风管，其风速可采用8～10m/s。

9.1.6 通风、空气调节与制冷机房等的位置，不宜靠近声环境要求较高的房间；当必须靠近时，应采取隔声和隔振措施。

9.2.5 消声设备的布置应考虑风管内气流对消声能力的影响。消声设备与机房隔墙间的风管应具有隔声能力。

9.2.6 管道穿过机房围护结构处四周的缝隙，应使用具备隔声能力的弹性材料填充密实。

9.3.1 当通风、空气调节、制冷装置以及水泵等设备的振动靠自然衰减不能达标时，应设置隔振器或采取其他隔振措施。

9.3.2 对本身不带有隔振装置的设备，当其转速小于或等于1500r/min时，宜选用弹簧隔振器；转速大于1500r/min时，根据环境需求和设备振动的大小，亦可选用橡胶等弹性材料的隔振垫块或橡胶隔振器。

9.3.7 受设备振动影响的管道，应采用弹性支吊架。

《民用建筑隔声设计规范》GB 50118—2010

3.0.3 产生噪声的建筑服务设备等噪声源的设置位置、防噪设计，应按下列规定：

1 锅炉房、水泵房、变压器室、制冷机房宜单独设置在噪声敏感建筑之外。住宅、学校、医院、旅馆、办公等建筑所在区域内有噪声源的建筑附属设施，其设置位置应避免对噪声敏感建筑物产生噪声干扰，必要时应作防噪处理。区内不得设置未经有效处理的强噪声源。

2 确需在噪声敏感建筑物内设置锅炉房、水泵房、变压器室、制冷机房时，若条件许可，宜将噪声源设置在地下，但不宜毗邻主体建筑或设在主体建筑下。并且应采取有效的隔振、隔声措施。

3 冷却塔、热泵机组宜设置在对噪声敏感建筑物噪声干扰较小的位置。当冷却塔、热泵机组的噪声在周围环境超过现行国家标准《声环境质量标准》GB 3096 的规定时，应对冷却塔、热泵机组采取有效的降低或隔离噪声措施。冷却塔、热泵机组设置在楼顶或裙房顶上时，还在采取有效的隔振措施。

《通风与空调工程施工质量验收规范》GB 50243 —2002

9.3.8 金属管道的支、吊架的型式、位置、间距、标高应符合设计或有关技术标准的要求。设计无规定时，应符合下列规定：

2 冷（热）媒水、冷却水系统管道机房内总、干管的支、吊架，应采用承重防晃管架；与设备连接的管道管架宜有减振措施。当水平支管的管架采用单杆吊架时，应在管道起始点、阀门、三通、弯头及长度每隔 15m 设置承重防晃支、吊架。

7.2 日照、采光、照明和自然通风

7.2.1 住宅应充分利用外部环境提供的日照条件，每套住宅至少应有1个居住空间能获得冬季日照。

本条未提出日照时数要求。相关规范要求如下：

《住宅设计规范》GB 50096—1999（2003 年版）

5.1.1 每套住宅至少应有 1 个居住空间能获得日照，当 1 套住宅中居住空间总数超过 4 个时，其中宜有 2 个获得日照。

7.2.2 卧室、起居室（厅）、厨房应设置外窗，窗地面积比不应小于1/7。

相关规范要求如下：

《住宅设计规范》GB 50096—1999（2003 年版）

5.1.3 住宅采光标准应符合表 5.1.3 采光系数最低值的规定，其窗地面积比可按表 5.1.3 的规定取值。

住宅室内采光标准 表 5.1.3

房间名称	侧面采光	
	采用系数最低值（%）	窗地面积比值（A_c/A_d）
卧室、起居室（厅）、厨房	1	1/7
楼梯间	0.5	1/12

注：① 窗地面积比值为直接天然采光房间的侧窗洞口面积 A_c 与该房间地面面积 A_d 之比。
② 本表系按Ⅲ类光气候区单层普通玻璃钢窗计算，当用于其他光气候区时或采用其他类型窗时，应按现行国家标准《建筑采光设计标准》的有关规定进行调整。
③ 离地面高度低于 0.50m 的窗洞口面积不计入采光面积内。窗洞口上沿距地面高度不宜低于 2m。

《夏热冬冷地区居住建筑节能设计标准》JGJ 134—2010

4.0.4 建筑围护结构各部分的传热系数和热惰性指标不应大于表 4.0.4 规定的限值。当设计建筑的围护结构中的屋面、外墙、架空或外挑楼板、外窗不符合表 4.0.4 的规定时，必须按照本标准第 5 章的规定进行建筑围护结构热工性能的综合判断。

建筑围护结构各部分的传热系数（K）和热惰性指标（D）的限值　　表4.0.4

围护结构部位		传热系数 K [W/(m²·K)] 热惰性指标 $D\leqslant2.5$	传热系数 K [W/(m²·K)] 热惰性指标 $D>2.5$
体形系数≤0.40	屋面	0.8	1.0
	外墙	1.0	1.5
	底面接触室外空气的架空或外挑楼板	1.5	
	分户墙、楼板、楼梯间隔墙、外走廊隔墙	2.0	
	户门	3.0（通往封闭空间） 2.0（通往非封闭空间或户外）	
	外窗（含阳台门透明部分）	应符合本标准表4.0.5－1表4.0.5－2的规定	
体形系数>0.40	屋面	0.5	0.6
	外墙	0.80	1.0
	底面接触室外空气的架空或外挑楼板	1.0	
	分户墙、楼板、楼梯间隔墙、外走廊隔墙	2.0	
	户门	3.0（通往封闭空间） 2.0（通往非封闭空间或户外）	
	外窗（含阳台门透明部分）	应符合本标准表4.0.5－1表5.0.5－2的规定	

4.0.5 不同朝向外窗（包括阳台门的透明部分）的窗墙面积比不应大于表4.0.5－1规定的限值。不同

朝向、不同窗墙面积比的外窗传热系数不应大于表4.0.5-2规定的限值；综合遮阳系数应符合表4.0.5-2的规定。当外窗为凸窗时，凸窗的传热系数限值应比表4.0.5-2规定的限值小10%；计算窗墙面积比时，凸窗的面积应按洞口面积计算。当设计建筑的窗墙面积比或传热系数、遮阳系数不符合表4.0.5-1和表4.0.5-2的规定时，必须按照本标准第5章的规定进行建筑围护结构热工性能的综合判断。

不同朝向外窗的窗墙面积比限值　表4.0.5-1

朝　向	窗墙面积比
北	0.40
东、西	0.35
南	0.45
每套房间允许一个房间（不分朝向）	0.60

不同朝向、不同窗墙面积比的外窗传热系数和综合遮阳系数限值　表4.0.5-2

建筑	窗墙面积比	传热系数 K [W/(m^2·K)]	外窗综合遮阳系数 SC_w （东、西向/南向）
体形系数≤0.40	窗墙面积比≤0.20	4.7	—/—
	0.20<窗墙面积比≤0.30	4.0	—/—
	0.30<窗墙面积比≤0.40	3.2	夏季≤0.40/夏季≤0.45
	0.40<窗墙面积比≤0.45	2.8	夏季≤0.35/夏季≤0.40
	0.45<窗墙面积比≤0.60	2.5	东、西、南向设置外遮阳 夏季≤0.25　冬季≥0.60

续表

建筑	窗墙面积比	传热系数 K [W/(m^2·K)]	外窗综合遮阳系数 SC_w (东、西向/南向)
体形系数 >0.40	窗墙面积比≤0.20	4.0	—/—
	0.20<窗墙面积比≤0.30	3.2	—/—
	0.30<窗墙面积比≤0.40	2.8	夏季≤0.40/夏季≤0.45
	0.40<窗墙面积比≤0.45	2.5	夏季≤0.35/夏季≤0.40
	0.45<窗墙面积比≤0.60	2.3	东、西、南向设置外遮阳 夏季≤0.25　冬季≥0.60

注：1　表中的“东、西”代表从东或西偏北30°（含30°）至偏南60°（含60°）的范围；“南”代表从南偏东30°至偏西30°的范围。

2　楼梯间、外走廊的窗不按本表规定执行。

7.2.3　套内空间应能提供与其使用功能相适应的照度水平。套外的门厅、电梯前厅、走廊、楼梯的地面照度应能满足使用功能要求。

相关规范要求如下：

《建筑照明设计标准》GB 50034—2004

5.1.1　居住建筑照明标准值宜符合表5.1.1的规定。

居住建筑照明标准值　　表5.1.1

房间或场所		参考平面及其高度	照度标准值(lx)	Ra
起居室	一般活动	0.75m水平面	100	80
	书写、阅读		300*	
卧室	一般活动	0.75m水平面	75	80
	床头、阅读		150*	
餐房		0.75m餐桌面	150	80
厨房	一般活动	0.75m水平面	100	80
	操作台	台面	150*	
卫生间		0.75m水平面	100	80

注：*宜用混合照明。

《民用建筑电气设计规范》JGJ 16—2008

10.8.1 住宅（公寓）电气照明设计应符合下列规定：

1 住宅（公寓）照明宜选用细管径直管荧火灯或紧凑型荧光灯。当因装饰需要选用百炽灯时，宜选用双螺旋百炽灯。

2 灯具的选择应根据具体房间的功能而定，宜采用直接照明和开启式灯具，并宜选用节能型灯具。

3 起居室的照明宜满足多功能使用要求，除应设置一般照明外，还宜设置装饰台灯、落地灯等。高级公寓的起居厅照明宜可采用可调光方式。

4 住宅（公寓）的公共走道、走廊、楼梯间应设人工照明，除高层住宅（公寓）的电梯厅和火灾应急照明外，均应安装节能型自熄开关或设带指示灯（或自发光装置）的双控延时开关。

7.2.4 住宅应能自然通风，每套住宅的通风开口面积不应小于地面面积的5%。

相关规范要求如下：

《住宅设计规范》GB 50096—1999（2003年版）

5.1.4 卧室、起居室（厅）应有与室外空气直接流通的自然通风。单朝向住宅应采取通风措施。

5.1.5 采用自然通风的房间，其通风开口面积应符合下列规定：

1 卧室、起居室（厅）、明卫生间的通风开口面积不应小于该房间地板面积的1/20。

2 厨房的通风开口面积不应小于该房间地

板面积的1/10，并不得小于0.60m^2。

《民用建筑设计通则》GB 50352—2005

7.2.1 建筑物室内应有与室外空气直接流通的窗口或洞口，否则应设自然通风道或机械通风设施。

7.2.2 采用直接自然通风的空间，其通风开口面积应符合下列规定：

1 生活、工作的房间的通风开口有效面积不应小于该房间地板面积的1/20；

2 厨房的通风开口有效面积不应小于该房间地板面积的1/10，并不得小于0.60m^2。厨房的炉灶上方应安装排除油烟设备，并设排烟道。

7.3 防 潮

7.3.1 住宅的屋面、外墙、外窗应能防止雨水和冰雪融化水侵入室内。

相关规范要求如下：

《建筑装饰装修工程质量验收规范》GB 50210—2001

5.1.3 门窗工程应对下列材料及其性能指标进行复验：

2 建筑外墙金属窗、塑料窗的抗风压性能、空气渗透性能和雨水渗漏性能。

13.0.6 子分部工程的质量验收应按《建筑工程施工质量验收统一标准》（GB 50300—2001）附录F的格式记录。子分部工程中各分项工程的质量均应验收合格，并应符合下列规定：

2 应具备表13.0.6所规定的有关安全和功能的检测项目的合格报告。

有关安全和功能的检测项目表　　表 13.0.6

项次	子分部工程	检测项目
1	门窗工程	1　建筑外墙金属窗的抗风压性能、空气渗透性能和雨水渗漏性能 2　建筑外墙塑料的抗风压性能、空气渗透性能和雨水渗漏性能
2	饰面板（砖）工程	1　饰面板后置埋件的现场拉拔强度 2　饰面砖样板件的粘结强度
3	幕墙工程	1　硅酮结构胶的相容性试验 2　幕墙后置埋件的现场拉拔强度 3　幕墙的抗风压性能、空气渗透性能、雨水渗漏性能及平面变形性能

7.3.2 住宅屋面和外墙的内表面在室内温、湿度设计条件下不应出现结露。

相关规范要求如下：

《建筑装饰装修工程质量验收规范》GB 50210—2001

3.1.7 当墙体或吊顶内的管线可能产生冰冻或结露时，应进行防冻或防结露设计。

《民用建筑设计通则》GB 50352—2005

6.13.3 屋面构造应符合下列要求：

6 设保温层的屋面应通过热工验算，并采取防结露、防蒸汽渗透及施工时防保温层受潮等措施。

7.4 空气污染

7.4.1 住宅室内空气污染物的活度和浓度应符合表 7.4.1 的规定。

相关规范要求如下：

《民用建筑工程室内环境污染控制规范》GB 50325—2010

住宅室内空气污染物限值

表 7.4.1

污染物名称	活度、浓度限值
氡	≤200 Bq/m^3
游离甲醛	≤0.08 mg/m^3
苯	≤0.09 mg/m^3
氨	≤0.2 mg/m^3
总挥发性有机化合物(TVOC)	≤0.5 mg/m^3

5.1.4 民用建筑工程室内装修，当多次重复使用同一设计时，宜先做样板间，并对其室内环境污染物浓度进行检测。

6.0.3 民用建筑工程所用建筑材料和装修材料的类别、数量和施工工艺等，应符合设计要求和本规范的有关规定。

6.0.4 民用建筑工程验收时，必须进行室内环境污染物浓度检测，其限量应符合表 **6.0.4** 的规定。

民用建筑工程室内环境污染物浓度限量　　表 6.0.4

污　染　物	Ⅰ类民用建筑工程	Ⅱ类民用建筑工程
氡（Bq/m^3）	≤200	≤400
甲醛（mg/m^3）	≤0.08	≤0.1
苯（mg/m^3）	≤0.09	≤0.09
氨（mg/m^3）	≤0.2	≤0.2
TVOC（mg/m^3）	≤0.5	≤0.6

注：① 表中污染物浓度测量值，除氡外均指室内测量值扣除同步测定的室外上风向空气测量值（本底值）后的测量值。

② 表中污染物浓度测量值的极限值判定，采用全数值比较法。

6.0.6 民用建筑工程室内空气中氡的检测，所选用方法的测量结果不确定度不应大于25%，方法的探测下限不应大于10Bq/m^3。

6.0.7 民用建筑工程室内空气中甲醛的检测方法，应符合现行国家标准《公共场所空气中甲醛测定方法》GB/T 18204.26 中酚试剂分光光度法的规定。

6.0.8 民用建筑工程室内空气中甲醛检测，也可采用简便取样仪器检测方法，甲醛简便取样仪器应定期进行校准，测量结果在 0.01 ~ 0.60mg/m^3 测定范围内的不确定度应小于 20%。当发生争议时，应以现行国家标准《公共场所空气中甲醛测定方法》GB/T 18204.26 中酚试剂分光光度法的测定结果为准。

6.0.9 民用建筑工程室内空气中苯的检测方法，应符合本规范附录 F 的规定。

6.0.10 民用建筑工程室内空气中氨的检测方法，应符合现行国家标准《公共场所空气中氨测定方法》GB/T 18204.25 中靛酚蓝分光光度法的规定。

6.0.11 民用建筑工程室内空气中总挥发性有机化合物（TVOC）的检测方法，应符合本规范附录 G 的规定。

6.0.16 民用建筑工程验收时，环境污染物浓度现场检测点应距内墙面不小于 0.5m、距楼地面高度0.8 ~ 1.5m。检测点应均匀分布，避开通风道和通风口。

6.0.19 当室内环境污染物浓度的全部检测结果符合本规范表 6.0.4 的规定时，应判定该工程室内环境质量合格。

《住宅装饰装修工程施工规范》GB 50327—2001

5.0.3 对室内环境污染控制有要求的，可按有关规定对 5.0.1 条的内容全部或部分进行检测，其污染物浓度限值应符合表 5.0.3 的要求。

住宅装饰装修后室内环境污染物浓度限值　　表 5.0.3

室内环境污染物	浓度限值
氡（Bq/m^3）	≤200
游离甲醛（mg/m^3）	≤0.08
苯（mg/m^3）	≤0.09
氨（mg/m^3）	≤0.2
总挥发性有机物 TVOC（Bq/m^3）	≤0.5

8 设 备

8.1 一般规定

8.1.1 住宅应设室内给水排水系统。

相关规范要求如下：

《住宅设计规范》GB 50096—1999（2003 年版）

6.1.1 住宅应设室内给水排水系统。

8.1.2 严寒地区和寒冷地区的住宅应设采暖设施。

相关规范要求如下：

《住宅设计规范》GB 50096—1999（2003 年版）

6.2.1 严寒地区和寒冷地区的高层、中高层和多层住宅，宜设集中采暖系统。采暖热媒应采用热水。

《民用建筑热工设计规范》GB 50176—93

第 3.2.8 条 严寒地区居住建筑的底层地面，在其周边一定范围内应采取保温措施。

第 4.5.3 条 严寒地区采暖建筑的底层地面，当建筑物周边无采暖管沟时，在外墙内侧 0.5～1.0m 范围内应铺设保温层，其热阻不应小于外墙的热阻。

8.1.3 住宅应设照明供电系统。

相关规范要求如下：

《住宅设计规范》GB 50096—1999（2003 年版）

6.5.1 每套住宅应设电度表。每套住宅的用电负荷标准及电度表规格，不应小于表 6.5.1 的规定。

用电负荷标准及电度表规格 表6.5.1

套型	用电负荷标准（kW）	电度表规格（A）
一类	2.5	5（20）
二类	2.5	5（20）
三类	4.0	10（40）
四类	4.0	10（40）

6.5.2 住宅供电系统的设计，应符合下列基本安全要求：

1 应采用TT、TN—C—S或TN—S接地方式，并进行总等电位联结；

2 电气线路应采用符合安全和防火要求的敷设方式配线，导线应采用铜线，每套住宅进户线截面不应小于$10mm^2$，分支回路截面不应小于$2.5mm^2$。

3 每套住宅的空调电源插座、电源插座与照明，应分路设计；厨房电源插座和卫生间电源插座宜设置独立回路；

4 除空调电源插座外，其他电源插座电路应设置漏电保护装置；

5 每套住宅应设置电源总断路器，并应采用可同时断开相线和中性线的开关电器；

6 设洗浴设备的卫生间应作等电位联结；

7 每幢住宅的总电源进线断路器，应具有漏电保护功能。

6.5.3 住宅的公共部位应设人工照明，除高层住宅的电梯厅和应急照明外，均应采用节能自熄开关。

6.5.4 电源插座的数量，不应少于表6.5.4的规定。

电源插座的设置数量 表 6.5.4

部位	设置数量
卧室、厨房	一个单相三线和一个单相二线的插座两组
起居室（厅）	一个单相三线和一个单相二线的插座三组
卫生间	防溅水型一个单相三线和一个单相二线的组合插座一组
布置洗衣机、冰箱、排气机械和空调器等处	专用单相三线插座各一个

8.1.4 住宅的给水总立管、雨水立管、消防立管、采暖供回水总立管和电气、电信干线（管），不应布置在套内。公共功能的阀门、电气设备和用于总体调节和检修的部件，应设在共用部位。

相关规范要求如下：

《住宅设计规范》GB 50096—1999（2003 年版）

6.6.4 公共功能的管道，包括采暖供回水总立管、给水总立管、雨水立管、消防立管和电气立管等，不宜布置在住宅套内。公共功能管道的阀门和需经常操作的部件，应设在公用部位。

（电信干线管也应设置在套外管井内或公共部位；采用远传水表或 IC 水表将主管设在套内时，其供检修阀门应设置在公共部位横管上）

8.1.5 住宅的水表、电能表、热量表和燃气表的设置应便于管理。

相关规范要求如下：

《住宅设计规范》GB 50096—1999（2003 年版）

6.3.2 每套应设置燃气表。安装在厨房内的燃气表其位置应有利于厨房设备的合理布置。

6.6.5 应合理确定各种计量仪表的设置位置，以满足能源计量和物业管理的要求。

《建筑给水排水设计规范》GB 50015—2003 (2009 年版)

3.4.16 建筑物的引入管，住宅的入户管及公用建筑物内需计量水量的水管上均应设置水表。

3.4.17 住宅的分户水表宜相对集中读数，且宜设置于户外；对设在户内的水表，宜采用远传水表或 IC 卡水表等智能化水表。

3.4.19 水表应装设在观察方便、不结冻、不被任何液体及杂质所淹没和不易受损处。

注：各种有累计水量功能的流量计，均可代替水表。

8.2 给水排水

8.2.1 生活给水系统和生活热水系统的水质、管道直饮水系统的水质和生活杂用水系统的水质均应符合使用要求。

相关规范要求如下：

《建筑给水排水设计规范》GB 50015—2003 (2009 年版)

3.2.1 生活饮用水系统的水质，应符合现行国家标准《生活饮用水卫生标准》GB 5749 的要求。

3.2.2 当采用中水为生活杂用水时，生活杂用水系统的水质应符合现行国家标准《城市污水再生利用城市杂用水水质》GB/T 18920 的要求。

5.1.2 生活热水水质的水质指标，应符合现行国家标准《生活饮用水卫生标准》GB 5749 的要求。

8.2.2 生活给水系统应充分利用城镇给水管网的水压直接供水。

相关规范要求如下：

《建筑给水排水设计规范》GB 50015—2003（2009年版）

3.3.1 小区的室外给水系统，其水量应满足小区内全部用水的要求，其水压应满足最不利配水点的水压要求。

小区的室外给水系统，应尽量利用城镇给水管网的水压直接供水。当城镇给水管网的水压、水量不足时，应设置贮水调节和加压装置。

3.3.1A 小区给水系统设计应综合利用各种水资源，宜实行分质供水，充分利用再生水、雨水等非传统水源；优先采用循环和重复利用给水系统。

3.3.2 小区的加压给水系统，应根据小区的规模、建筑高度和建筑物的分布等因素确定加压站的数量、规模和水压。

《居住小区给水排水设计规范》CECS 57：94

3.5 设计流量和管道水力计算

3.5.9 居住小区从城镇给水管网直接供水的给水管道的管径，应根据管道的设计流量，城镇给水管网能保证的最低水压和最不利配水点所需水压计算确定。

8.2.3 生活饮用水供水设施和管道的设置，应保证二次供水的使用要求。供水管道、阀门和配件应符合耐腐蚀

二次供水设施的设置应符合现行国家标准《二次供水设施卫生规范》GB 17051的要求。主要应参考GB 17051中“4 设施的卫生要求”、“5 设施设计的卫生要求”、“7 设施的水质卫生标准”和“8 设施日常使用的卫生要

和耐压的要求。

求”。

8.2.4 套内分户用水点的给水压力不应小于0.05MPa，入户管的给水压力不应大于0.35MPa。

相关规范要求如下：

《住宅设计规范》GB 50096—1999（2003年版）

6.1.2 套内分户水表前的给水静水压力不应小于50kPa，当不能达到时，应设置系统增压给水设备。

6.1.3 住宅室内给水系统最低配水点的静水压力，宜为300～350kPa，大于400kPa时，应采取竖向分区或减压措施。

8.2.5 采用集中热水供应系统的住宅，配水点的水温不应低于45℃。

相关规范要求如下：

《建筑给水排水设计规范》GB 50015—2003（2009年版）

5.1.5 直接供应热水的热水锅炉、热水机组或水加热器出口的最高水温和配水点的最低水温可按表5.1.5采用。

直接供应热水的热水锅炉、热水机组或水加热器出口的最高水温和配水点的最低水温（℃）

表5.1.5

水质处理情况	热水锅炉、热水机组或水加热器出口的最高水温	配水点的最低水温
原水水质无需软化处理，原水水质需水质处理且有水质处理	75	50
原水水质需水质处理但未进行水质处理	60	50

5.1.5A 设置集中热水供应系统的住宅，配水点的水温不应低于45℃。

8.2.6 卫生器具和配件应采用节水型产品，不得使用一次冲水量大于6L的坐便器。

相关规范要求如下：

《住宅设计规范》GB 50096—1999（2003年版）

6.1.5 给水和集中热水供应系统，应分户分别设置冷水和热水表。卫生器具和配件应采用节水性能良好的产品。管道、阀门和配件应采用不易锈蚀的材质。

《建筑给水排水设计规范》GB 50015—2003（2009年版）

4.2.3 大便器选用应根据使用对象、设置场所、建筑标准等因素确定，且均应选用节水型大便器。

《住宅装饰装修工程施工规范》GB 50327—2001

15.1.2 卫生器具、各种阀门等应积极采用节水型器具。

《节水型生活用水器具》CJ 164—2002

4.3 节水型便器系统

4.3.2 产品每次冲洗周期大便冲洗用水量不大于6L。

4.3.3 如采用大小便分档冲洗的配件，小便冲洗用水量不大于4.5L。

4.3.8 节水型便器系统必须按JC/T 856—2000中4.6的规定进行管道系统设计、施工安装。

8.2.7 住宅厨房和卫生间的排水立管应分别设置。排水管道不得穿越卧室。

相关规范要求如下：

《建筑给水排水设计规范》GB 50015—2003（2009年版）

4.3.3 建筑物内排水管道布置应符合下列要求：

1 自卫生器具至排出管的距离应最短，管道转弯应最少；

2 排水立管宜靠近排水量最大的排水点；

3 排水管道不得敷设在对生产工艺或卫生有特殊要求的生产厂房内，以及食品和贵重商品仓库、通风小室、电气机房和电梯机房内；

4 排水管道不得穿过沉降缝、伸缩缝、变形缝、烟道和风道；当排水管道必须穿过沉降缝、伸缩缝和变形缝时，应采取相应技术措施；

5 排水埋地管道，不得布置在可能受重物压坏处或穿越生产设备基础；

6 排水管道不得穿越住宅客厅、餐厅，并不宜靠近与卧室相邻的内墙；

7 排水管道不宜穿越橱窗、壁柜；

8 塑料排水立管应避免布置在易受机械撞击处；当不能避免时，应采取保护措施；

9 塑料排水管应避免布置在热源附近；当不能避免，并导致管道表面受热温度大于60℃时，应采取隔热措施。塑料排水立管与家用灶具边净距不得小于0.4m；

10 当排水管道外表面可能结露时，应根据建筑物性质和使用要求，采取防结露措施。

4.3.3A 排水管道不得穿越卧室。

4.3.6A 厨房间和卫生间的排水立管应分别设置。

8.2.8 设有淋浴器和洗衣机的部位应设置地漏，其水封深度不得小于50mm。构造内无存水弯的卫生器具与生活排水管道连接时，在排水口以下应设存水弯，其水封深度不得小于50mm。

相关规范要求如下：

《建筑给水排水设计规范》GB 50015—2003（2009 年版）

4.2.6 当构造内无存水弯的卫生器具与生活污水管道或其他可能产生有害气体的排水管道连接时，必须在排水口以下设存水弯。存水弯的水封深度不得小于50mm。严禁采用活动机械密封替代水封。

《住宅设计规范》GB 50096—1999（2003 年版）

6.1.7 布置洗浴器和布置洗衣机的部位应设置地漏，其水封深度不应小于50mm。布置洗衣机的部位宜采用能防止溢流和干涸的专用地漏。

8.2.9 地下室、半地下室中卫生器具和地漏的排水管，不应与上部排水管连接。

相关规范要求如下：

《住宅设计规范》GB 50096—1999（2003 年版）

6.1.9 地下室、半地下室中低于室外地面的卫生器具和地漏的排水管，不应与上部排水管连接，应设置集水坑用污水泵排出。

8.2.10 适合建设中水设施和雨水利用设施的住宅，应按照当地的有关规定配套建设中水设施和雨水利用设施。

相关规范要求如下：

《居住小区给水排水设计规范》CECS 57：94

3.2.3 在严重缺水地区，可采用中水作为便器的冲洗用水、浇洒道路和绿化用水、洗车用水和空调冷却等用水。设计中水工程时，应符合现行的《建筑中水设计规范》的规定。

4.1.3 居住小区内的排水需进行中水回用时，应设分质、分流排水系统。

《建筑给水排水设计规范》GB 50015—2003（2009 年版）

4.1.4 建筑物雨水管道应单独设置，雨水回收利用可按现行国家标准《建筑与小区雨水利用技术规范》GB 50400 执行。

8.2.11 设有中水系统的住宅，必须采取确保使用、维修和防止误饮误用的安全措施。

相关规范要求如下：

《建筑中水设计规范》GB 50336—2002

5.4.7 中水管道上不得装设取水龙头。当装有取水接口时，必须采取严格的防止误饮、误用的措施。

8.1.1 中水管道严禁与生活饮用水给水管道连接。

8.1.2 除卫生间外，中水管道不宜暗装于墙体内。

8.1.3 中水池（箱）内的自来水补水管应采取自来水防污染措施，补水管出水口应高于中水贮存池（箱）内溢流水位，其间距不得小于2.5 倍管径。严禁采用淹没式浮球阀补水。

8.1.4 中水管道与生活饮用水给水管道、排水管道平行埋设时，其水平净距不得小于0.5m；交叉埋设时，中水管道应位于生活饮用水给水管道下面，排水管道的上面，其净距均不得小于0.15m。中水管道与其他专业管道的间距按《建筑给水排水设计规范》中给水管道要求执行。

8.1.5 中水贮存池（箱）设置的溢流管、泄水管，均应采用间接排水方式排出。溢流管应设隔网。

8.1.6 中水管道应采取下列防止误接、误用、误饮的措施：

1 中水管道外壁应按有关标准的规定涂色和标志；

2 水池（箱）、阀门、水表及给水栓、取水口均应有明显的“中水”标志；

3 公共场所及绿化的中水取水口应设带锁装置；

4 工程验收时应逐段进行检查，防止误接。

8.3 采暖、通风与空调

8.3.1 集中采暖系统应采取分室（户）温度调节措施，并应设置分户（单元）计量装置或预留安装计量装置的位置。

相关规范要求如下：

《采暖通风与空气调节设计规范》GB 50019—2003

4.9.1 新建住宅热水集中采暖系统，应设置分户热计量和室温控制装置。

对建筑内的公共用房和公用空间，应单独设置采暖系统，宜设置热计量装置。

《住宅设计规范》GB 50096—1999（2003 年版）

6.2.3 集中采暖系统的设计，宜能实施分室温度调节，并宜为实施分户热量计量预留条件。散热器的调节阀门，应确保频繁调节的密封性能，并采用不易锈蚀的材质。

《夏热冬冷地区居住建筑节能设计标准》JGJ 134—2010

6.0.2 当居住建筑采用集中采暖、空调系统时，必须设置分室（户）温度调节、控制装置及分户热（冷）量计量或分摊设施。

8.3.2 设置集中采暖系统的住宅，室内采暖计算温度不应低于表8.3.2的规定：

采暖计算温度 表8.3.2

空间类别	采暖计算温度
卧室、起居室（厅）和卫生间	18℃
厨房	15℃
设采暖的楼梯间和走廊	14℃

相关规范要求如下：

《住宅设计规范》GB 50096—1999（2003年版）

6.2.2 设置集中采暖系统的普通住宅的室内采暖计算温度，不应低于表6.2.2的规定。

室内采暖计算温度 表6.2.2

用 房	温 度（℃）
卧室、起居室（厅）和卫生间	18
厨 房	15
设采暖的楼梯间和走廊	14

注：有洗浴器并有集中热水供应系统的卫生间，宜按25℃设计。

8.3.3 集中采暖系统应以热水为热媒，并应有可靠的水质保证措施。

相关规范要求如下：

《采暖通风与空气调节设计规范》GB 50019—2003

4.1.13 集中采暖系统的热媒，应根据建筑物的用途、供热情况和当地气候特点等条件，经技术经济比较确定，并应按下列规定选择：

1 民用建筑应采用热水做热媒；

8.3.4 采暖系统应没有冻结危险，并应有热膨胀补偿措施。

相关规范要求如下：

《采暖通风与空气调节设计规范》GB 50019—2003

4.3.11 有冻结危险的楼梯间或其他有冻结危险的场所，应由单独的立、支管供暖。散热器前不得设置调节阀。

4.8.17 采暖管道必须计算其热膨胀。当利用管段的自然补偿不能满足要求时，应设置补偿器。

8.3.5 除电力充足和供电政策支持外，严寒地区和寒冷地区的住宅内不应采用直接电热采暖。

相关规范要求如下：

《采暖通风与空气调节设计规范》GB 50019—2003

4.7.1 符合下列条件之一，经技术经济比较合理时，可采用电采暖：

1 环保有特殊要求的区域；

2 远离集中热源的独立建筑；

3 采用热泵的场所；

4 能利用低谷电蓄热的场所；

5 有丰富的水电资源可供利用时。

8.3.6 厨房和无外窗的卫生间应有通风措施，且应预留安装排风机的位置和条件。

相关规范要求如下：

《住宅设计规范》GB 50096—1999（2003 年版）

6.4.2 严寒地区、寒冷地区和夏热冬冷地区的厨房，除设置排气机械外，还应设置供房间全面排气的自然通风设施。

6.4.3 无外窗的卫生间，应设置有防回流构造的排气通风道，并预留安装排气机械的位置和条件。

《民用建筑设计通则》GB 50352—2005

6.5.1 厕所、盥洗室、浴室应符合下列规定：

3 卫生用房宜有天然采光和不向邻室对流的直接自然通风，无直接自然通风和严寒及寒冷地区用房宜设自然通风道；当自然通风不能满足通风换气要求时，应采用机械通风。

7.2.1 建筑物室内应有与室外空气直接流通的窗户或开口，否则应设自然通风道或机械通风设施。

7.2.4 无外窗的浴室和厕所应设机械通风换

气设施，并设通风道。

8.3.7 当采用竖向通风道时，应采取防止支管回流和竖井泄漏的措施。

相关规范要求如下：

《住宅设计规范》GB 50096—1999（2003 年版）

6.4.1 厨房排油烟机的排气管通过外墙直接排至室外时，应在室外排气口设置避风和防止污染环境的构件。当排油烟机的排气管排至竖向通风道时，竖向通风道的断面应根据所担负的排气量计算确定，应采取支管无回流、竖井无泄漏的措施。

8.3.8 当选择水源热泵作为居住区或户用空调（热泵）机组的冷热源时，必须确保水源热泵系统的回灌水不破坏和不污染所使用的水资源。

相关规范要求如下：

《夏热冬冷地区居住建筑节能设计标准》JGJ 134—2010

6.0.7 当选择土壤源热泵系统、浅层地下水源热泵系统、地表水（淡水、海水）源热泵系统、污水水源热泵系统作为居住区或户用空调的冷热源时，严禁破坏、污染地下资源。

8.4 燃　　气

8.4.1 住宅应使用符合城镇燃气质量标准的可燃气体。

相关规范要求如下：

《城镇燃气设计规范》GB 50028—2006

3.2 燃气质量

3.2.1 城镇燃气质量指标应符合下列要求：

1 城镇燃气（应按基准气分类）的发热量和组分的波动应符合城镇燃气互换的要求；

2 城镇燃气偏离基准气的波动范围宜按现行的国家标准《城市燃气分类》GB/T 13611

的规定采用，并应适当留有余地。

3.2.2 采用不同种类的燃气做城镇燃气除应符合第3.2.1条外，还应分别符合下列第1～4款的规定。

1 天然气的质量指标应符合下列规定：

1） 天然气发热量、总硫和硫化氢含量、水露点指标应符合现行国家标准《天然气》GB 17820的一类气或二类气的规定；

2） 在天然气交接点的压力和温度条件下：

天然气的烃露点应比最低环境温度低5℃；

天然气中不应有固态、液态或胶状物质。

2 液化石油气质量指标应符合现行国家标准《油气田液化石油气》GB 9052.1或《液化石油气》GB 11174的规定；

3 人工煤气质量指标应符合现行国家标准《人工煤气》GB 13612的规定：

4 液化石油气与空气的混合气做主气源时，液化石油气的体积分数应高于其爆炸上限的2倍，且混合气的露点温度应低于管道外壁温度5℃。硫化氢含量不应大于20mg/m^3。

3.2.3 城镇燃气应具有可以察觉的臭味，燃气中加臭剂的最小量应符合下列规定：

1 无毒燃气泄漏到空气中，达到爆炸下限的20%时，应能察觉；

2 有毒燃气泄漏到空气中，达到对人体允许的有害浓度时，应能察觉：

对于以一氧化碳为有毒成分的燃气，空气中一氧化碳含量达到0.02%（体积分数）时，应能察觉。

3.2.4 城镇燃气加臭剂应符合下列要求：

1 加臭剂和燃气混合在一起后应具有特殊的臭味；

2 加臭剂不应对人体、管道或与其接触的材料有害；

3 加臭剂的燃烧产物不应对人体呼吸有害，并不应腐蚀或伤害与此燃烧产物经常接触的材料；

4 加臭剂溶解于水的程度不应大于2.5%（质量分数）；

5 加臭剂应有在空气中应能察觉的加臭剂含量指标。

8.4.2 住宅内管道燃气的供气压力不应高于0.2MPa。

相关规范要求如下：

《城镇燃气设计规范》GB 50028—2006

10.2.1 用户室内燃气管道的最高压力不应大于表10.2.1的规定。

用户室内燃气管道的最高压力（表压 MPa）

表10.2.1

燃气用户		最高压力
工业用户	独立、单层建筑	0.8
	其他	0.4
商业用户		0.4
居民用户（中压进户）		0.2
居民用户（低压进户）		<0.01

注：① 液化石油气管道的最高压力不应大于0.14MPa；
② 管道井内的燃气管道的最高压力不应大于0.2MPa；
③ 室内燃气管道压力大于0.8MPa的特殊用户设计应按有关专业规范执行。

8.4.3 住宅内各类用气设备应使用低压燃气，其入口压力必须控制在设备的允许压力波动范围内。

相关规范要求如下：

《城镇燃气设计规范》GB 50028—2006

10.2.2 燃气供应压力应根据用户设备燃烧器的额定压力及其允许的压力波动范围确定。

民用低压用气设备的燃烧器的额定压力宜按表10.2.2采用。

民用低压用气设备燃烧器的额定压力（表压 kPa）

表10.2.2

燃气 / 燃烧器	人工煤气	天然气		液化石油气
		矿井气	天然气、油田伴生气、液化石油气混空气	
民用燃具	1.0	1.0	2.0	2.8或5.0

8.4.4 套内的燃气设备应设置在厨房或与厨房相连的阳台内。

相关规范要求如下：

《住宅设计规范》GB 50096—1999（2003年版）

6.3.2 每套应设置燃气表。安装在厨房内的燃气表其位置应有利于厨房设备的合理布置。

6.3.3 套内燃气热水器的设置，应符合下列规定：

1 除密闭式燃气热水器外，其他燃气热水器不应设置于卫生间和其他无自然通风的部位，宜设置在有机械排气装置的厨房内。

《城镇燃气设计规范》GB 50028—2006

10.2.14 燃气引入管敷设位置应符合下列规定：

1 燃气引入管不得敷设在卧室、卫生间、易燃或易爆品的仓库、有腐蚀性介质的房间、发电间、配电间、变电室、不使用燃气的空调机房、通风机房、计算机房、电缆沟、暖气沟、烟道和进风道、垃圾道等地方。

2 住宅燃气引入管宜设在厨房、外走廊、与厨房相连的阳台内（寒冷地区输送湿燃气时阳台应封闭）等便于检修的非居住房间内。当确有困难，可从楼梯间引入（高层建筑除外），但应采用金属管道且引入管阀门宜设在室外。

8.4.5 住宅的地下室、半地下室内严禁设置液化石油气用气设备、管道和气瓶。十层及十层以上住宅内不得使用瓶装液化石油气。

相关规范要求如下：

《城镇燃气设计规范》GB 50028—2006

10.2.22 液化石油气管道和烹调用液化石油气燃烧设备不应设置在地下室、半地下室内。当确需要设置在地下一层、半地下室时，应针对具体条件采取有效的安全措施，并进行专题技术论证。

8.4.6 住宅的地下室、半地下室内设置人工煤气、天然气用气设备时，必须采取安全措施。

相关规范要求如下：

《城镇燃气设计规范》GB 50028—2006

10.2.23 敷设在地下室、半地下室、设备层和地上密闭房间以及竖井、住宅汽车库（不使用燃气，并能设置钢套管的除外）的燃气管道应符合下列要求：

1 管材、管件及阀门、阀件的公称压力应按提高一个压力等级进行设计；

2 管道宜采用钢号为 10、20 的无缝钢管或具有同等及同等以上性能的其他金属管材；

3 除阀门、仪表等部位和采用加厚管的低压管道外，均应焊接和法兰连接；应尽量减少焊缝数量，钢管道的固定焊口应进行 100% 射线照相检验，活动焊口应进行 10% 射线照相检验，其质量不得低于现行国家标准《现场设备、工业管道焊接工程施工及验收规范》GB 50236—98 中的Ⅲ级；其他金属管材的焊接质量应符合相关标准的规定。

8.4.7 住宅内燃气管道不得敷设在卧室、暖气沟、排烟道、垃圾道和电梯井内。

相关规范要求如下：

《城镇燃气设计规范》GB 50028—2006

10.2.24 燃气水平干管和立管不得穿过易燃易爆品仓库、配电间、变电室、电缆沟、烟道、进风道和电梯井等。

10.2.25 燃气水平干管宜明设，当建筑设计有特殊美观要求时可敷设在能安全操作、通风良好和检修方便的吊顶内，管道应符合本规范第10.2.23条的要求；当吊顶内设有可能产生明火的电气设备或空调回风管时，燃气干管宜设在与吊顶底平的独立密封∩型管槽内，管槽底宜采用可卸式活动百叶或带孔板。

燃气水平干管不宜穿过建筑物的沉降缝。

10.2.26 燃气立管不得敷设在卧室或卫生间内。立管穿过通风不良的吊顶时应设在套管内。

10.2.30 燃气支管宜明设。燃气支管不宜穿过起居室（厅）。敷设在起居室（厅）、走道内的燃气管道不宜有接头。

当穿过卫生间、阁楼或壁柜时，燃气管道应采用焊接连接（金属软管不得有接头），并应设在钢套管内。

10.4.2 居民生活用气设备严禁设置在卧室内。

10.4.3 住宅厨房内宜设置排气装置和燃气浓度检测报警器。

8.4.8 住宅内设置的燃气设备和管道，应满足与电气设备和相邻管道的净距要求。

相关规范要求如下：

《城镇燃气设计规范》GB 50028—2006

10.2.36 室内燃气管道与电气设备、相邻管道之间的净距不应小于表10.2.36的规定。

室内燃气管道与电气设备、相邻管道之间的净距

表10.2.36

管道和设备		与燃气管道的净距（m）	
		平行敷设	交叉敷设
电气设备	明装的绝缘电线或电缆	25	10（注）
电气设备	暗装或管内绝缘电线	5（从所做的槽或管子的边缘算起）	1
电气设备	电压小于1000V的裸露电线	100	100
电气设备	配电盘或配电箱、电表	30	不允许
电气设备	电插座、电源开关	15	不允许
相邻管道		保证燃气管道、相邻管道的安装和维修	2

注：① 当明装电线加绝缘套管且套管的两端各伸出燃气管道10cm时，套管与燃气管道的交叉净距可降至1cm。

② 当布置确有困难，在采取有效措施后，可适当减小净距。

8.4.9 住宅内各类用气设备排出的烟气必须排至室外。

相关规范要求如下：

《城镇燃气设计规范》GB 50028—2006

10.7.1 燃气燃烧所产生的烟气必须排出室

多台设备合用一个烟道时不得相互干扰。厨房燃具排气罩排出的油烟不得与热水器或采暖炉排烟合用一个烟道。

外。设有直排式燃具的室内容积热负荷指标超过 207W/m^3 时，必须设置有效的排气装置将烟气排至室外。

注：有直通洞口（哑口）的毗邻房间的容积也可一并作为室内容积计算。

10.7.5 燃气用气设备的排烟设施应符合下列要求：

1 不得与使用固体燃料的设备共用一套排烟设施；

2 每台用气设备宜采用单独烟道；当多台设备合用一个总烟道时，应保证排烟时互不影响；

3 容易积聚烟气的地方，应设置泄爆装置；

4 设有防止倒风的装置；

5 从设备顶部排烟或设置排烟罩排烟时，其上部应有不小于 0.3m 的垂直烟道方可接水平烟道；

6 有防倒风排烟罩的用气设备不得设置烟道闸板；无防倒风排烟罩的用气设备，在至总烟道的每个支管上应设置闸板，闸板上应有直径大于 15mm 的孔；

7 安装在低于 0℃ 房间的金属烟道应做保温。

8.5 电　　气

8.5.1 电气线路的选材、配线应与住

相关规范要求如下：

《住宅设计规范》GB 50096—1999（2003 年版）

宅的用电负荷相适应，并应符合安全和防火要求。

6.5.2 住宅供电系统的设计，应符合下列基本安全要求：

2 电气线路应采用符合安全和防火要求的敷设方式配线，导线应采用铜线，每套住宅进户线截面不应小于 $10mm^2$，分支回路截面不应小于 $2.5mm^2$。

《住宅装饰装修工程施工规范》GB 50327—2001

16.1.3 配电箱户表后应根据室内用电设备的不同功率分别配线供电；大功率家电设备应独立配线安装插座。

16.3.2 电源线配线时，所用导线截面积应满足用电设备的最大输出功率。

8.5.2 住宅供配电应采取措施防止因接地故障等引起的火灾。

该部分涉及内容较多，请参阅《民用建筑电气设计规范》JGJ 16—2008

8.5.3 当应急照明在采用节能自熄开关控制时，必须采取应急时自动点亮的措施。

相关规范要求如下：

《住宅设计规范》GB 50096—1999（2003 年版）

6.5.3 住宅的公共部位应设人工照明，除高层住宅的电梯厅和应急照明外，均应采用节能自熄开关。

8.5.4 每套住宅应设置电源总断路器，总断路器应采用可同时断开相线和中性线的开关

相关规范要求如下：

《住宅设计规范》GB 50096—1999（2003 年版）

6.5.2 住宅供电系统的设计，应符合下列基本安全要求：

1 应采用 TT、TN－C－S 或 TN－S 接地方

电器。

式，并进行总等电位联结；

2 电气线路应采用符合安全和防火要求的敷设方式配线，导线应采用铜线，每套住宅进户线截面不应小于10mm²，分支回路截面不应小于2.5mm²；

3 每套住宅的空调电源插座、电源插座与照明，应分路设计；厨房电源插座和卫生间电源插座宜设置独立回路；

4 除空调电源插座外，其他电源插座电路应设置漏电保护装置；

5 每套住宅应设置电源总断路器，并应采用可同时断开相线和中性线的开关电器；

6 设洗浴设备的卫生间应作等电位联结；

7 每幢住宅的总电源进线断路器，应具有漏电保护功能。

8.5.5 住宅套内的电源插座与照明，应分路配电。安装在1.8m及以下的插座均应采用安全型插座。

相关规范要求如下：

《通用用电设备配电设计规范》GB 50055—93

第8.0.7条 插座的型式和安装高度，应根据其使用条件和周围环境确定：

一、对于不同电压等级，应采用与其相应电压等级的插座，该电压等级的插座不应被其他电压等级的插头插入。

二、需要连接带接地线的日用电器的插座，必须带接地孔。

三、对于插拔插头时触电危险性大的日用电器，宜采用带开关能切断电源的插座。

四、在潮湿场所，应采用密封式或保护式插座，安装高度距地不应低于1.5m。

五、在儿童专用的活动场所，应采用安全型插座。

六、住宅内插座，若安装高度距地1.8m及以上时，可采用一般型插座；低于1.8m时，应采用安全型插座。

8.5.6 住宅应根据防雷分类采取相应的防雷措施。

相关规范要求如下：

《建筑物防雷设计规范》GB 50057—2010

由于该规范尚未施行，本文以报批稿作为参照。正式施行后，请读者以正式发布的标准文本为准。

第2.0.1条　建筑物应根据其重要性、使用性质、发生雷电事故的可能性和后果，按防雷要求分为三类。

3.0.3　在可能发生对地闪击的地区，遇下列情况之一时，应划为第二类防雷建筑物：

10　预计雷击次数大于0.25次/a的住宅、办公楼等一般性民用建筑物或一般性工业建筑物。

注：预计雷击次数应按本规范附录A计算。

3.0.4　在可能发生对地闪击的地区，遇下列情况之一时，应划为第三类防雷建筑物：

3　预计雷击次数大于或等于0.05次/a且小于或等于0.25次/a的住宅、办公楼等一般性民用建筑物或一般性工业建筑物。

4.1.1　各类防雷建筑物应设防直击雷的外部防雷装置并应采取防闪电电涌侵入的措施。第一类防雷建筑物和本规范第3.0.3条5、6、7款所规定的第二类防雷建筑物尚应采取防雷电感应的措施。

4.1.2 各类防雷建筑物应设内部防雷装置。

1 在建筑物的地下室或地面层处，以下物体应与防雷装置做防雷等电位连接：建筑物金属体，金属装置，建筑物内系统，进出建筑物的金属管线。

2 除本条1款的措施外，尚应考虑外部防雷装置与建筑物金属体、金属装置、建筑物内系统之间的间隔距离。

4.3.1 第二类防雷建筑物外部防雷的措施，宜采用装设在建筑物上的接闪网、接闪带或接闪杆，或由其混合组成的接闪器。接闪网、接闪带应按本规范附录B的规定沿屋角、屋脊、屋檐和檐角等易受雷击的部位敷设，并应在整个屋面组成不大于10m×10m或12m×8m的网格；当建筑物高度超过45m时，首先应沿屋顶周边敷设接闪带，接闪带应设在外墙外表面或屋檐边垂直线上或其外。接闪器之间应互相连接。

4.4.1 第三类防雷建筑物外部防雷的措施，宜采用装设在建筑物上的接闪网、接闪带或接闪杆，或由其混合组成的接闪器。接闪网、接闪带应按本规范附录B的规定沿屋角、屋脊、屋檐和檐角等易受雷击的部位敷设，并应在整个屋面组成不大于20m×20m或24m×16m的网格；当建筑物高度超过60m时，应沿屋顶周边敷设接闪带，接闪带应设在外墙外表面或屋檐边垂直面上或其外。接闪器之间应互相连接。

（防雷措施的详细内容，请参照该规范第4章。）

8.5.7 住宅配电系统的接地方式应可靠，并应进行总等电位联结。

相关规范要求如下：

《住宅设计规范》GB 50096—1999（2003年版）

6.5.2 住宅供电系统的设计，应符合下列基本安全要求：

1 应采用TT、TN－C－S或TN－S接地方式，并进行总等电位联结。

《建筑电气工程施工质量验收规范》GB 50303—2002

3.3.20 等电位联结应按以下程序进行：

1 总等电位联结：对可作导电接地体的金属管道入户处和供总等电位联结的接地干线的位置检查确认，才能安装焊接总等电位联结端子板，按设计要求做总等电位联结。

8.5.8 防雷接地应与交流工作接地、安全保护接地等共用一组接地装置，接地装置应优先利用住宅建筑的自然接地体，接地装置的接地电阻值必须按接入设备中要求的最小值确定。

相关规范要求如下：

《建筑物电子信息系统防雷技术规范》GB 50343—2004

5.2.5 防雷接地与交流工作接地、直流工作接地、安全保护接地共用一组接地装置时，接地装置的接地电阻值必须按接入设备中要求的最小值确定。

5.2.6 接地装置应优先利用建筑物的自然接地体，当自然接地体的接地电阻达不到要求时应增加人工接地体。

9 防火与疏散

9.1 一般规定

9.1.1 住宅建筑的周围环境应为灭火救援提供外部条件。

相关规范要求如下：

《建筑设计防火规范》GB 50016—2006

5.3.1 民用建筑的安全出口应分散布置。每个防火分区、一个防火分区的每个楼层，其相邻2个安全出口最近边缘之间的水平距离不应小于5m。

5.3.13 民用建筑的安全疏散距离应符合下列规定：

1 直接通向疏散走道的房间疏散门至最近安全出口的距离应符合表5.3.13的规定；

2 直接通向疏散走道的房间疏散门至最近非封闭楼梯间的距离，当房间位于两个楼梯间之间时，应按表5.3.13的规定减少5m；当房间位于袋形走道两侧或尽端时，应按表5.3.13的规定减少2m；

3 楼梯间的首层应设置直通室外的安全出口或在首层采用扩大封闭楼梯间。当层数不超过4层时，可将直通室外的安全出口设置在离楼梯间小于等于15m处；

4 房间内任一点到该房间直接通向疏散走道的疏散门的距离，不应大于表5.3.13中规定的袋形走道两侧或尽端的疏散门至安全出口的最大距离。

直接通向疏散走道的房间疏散门至最近安全出口的最大距离（m）　表 5. 3. 13

名　称	位于两个安全出口之间的疏散门 耐火等级			位于袋形走道两侧或尽端的疏散门 耐火等级		
	一、二级	三级	四级	一、二级	三级	四级
托儿所、幼儿园	25	20	—	20	15	—
医院、疗养院	35	30	—	20	15	—
学校	35	30	—	22	20	—
其他民用建筑	40	35	25	22	20	15

注：① 一、二级耐火等级的建筑物内的观众厅、展览厅、多功能厅、餐厅、营业厅和阅览室等，其室内任何一点至最近安全出口的直线距离不宜大于 30m。
② 敞开式外廊建筑的房间疏散门至安全出口的最大距离可按本表增加 5m。
③ 建筑物内全部设置自动喷水灭火系统时，其安全疏散距离可按本表和本表注①的规定增加 25% 。
④ 房间内任一点到该房间直接通向疏散走道的疏散门的距离计算：住宅应为最远房间内任一点到户门的距离，跃层式住宅内的户内楼梯的距离可按其梯段总长度的水平投影尺寸计算。

5. 3. 14 除本规范另有规定者外，建筑中的疏散走道、安全出口、疏散楼梯以及房间疏散门的各自总宽度应经计算确定。

安全出口、房间疏散门的净宽度不应小于 0. 9m，疏散走道和疏散楼梯的净宽度不应小于 1. 1m；不超过 6 层的单元式住宅，当疏散楼梯的一边设置栏杆时，最小净宽度不宜小于 1m。

6. 0. 1 街区内的道路应考虑消防车的通行，其道路中心线间的距离不宜大于 160m。当建筑物沿街道部分的长度大于 150m 或总长度大于 220m 时，应设置穿过建筑物的消防车道。当确有困难时，应设置环形消防车道。

6.0.2 有封闭内院或天井的建筑物，当其短边长度大于24m时，宜设置进入内院或天井的消防车道。

6.0.3 有封闭内院或天井的建筑物沿街时，应设置连通街道和内院的人行通道（可利用楼梯间），其间距不宜大于80m。

6.0.4 在穿过建筑物或进入建筑物内院的消防车道两侧，不应设置影响消防车通行或人员安全疏散的设施。

6.0.8 供消防车取水的天然水源和消防水池应设置消防车道。

6.0.9 消防车道的净宽度和净空高度均不应小于4m。供消防车停留的空地，其坡度不宜大于3%。

消防车道与厂房（仓库）、民用建筑之间不应设置妨碍消防车作业的障碍物。

6.0.10 环形消防车道至少应有两处与其他车道连通。尽头式消防车道应设置回车道或回车场，回车场的面积不应小于12m×12m；供大型消防车使用时，不宜小于18m×18m。

消防车道路面、扑救作业场地及其下面的管道和暗沟等应能承受大型消防车的压力。

消防车道可利用交通道路，但应满足消防车通行与停靠的要求。

6.0.11 消防车道不宜与铁路正线平交。如必须平交，应设置备用车道，且两车道之间的间距不应小于一列火车的长度。

《民用建筑设计通则》GB 50352—2005

5.1.2 建筑布局应符合下列规定

1 建筑间距应符合防火规范要求；

5 建筑布局应使建筑基地内的人流、车流与物流合理分流，防止干扰，并有利于消防、停车和人员集散。

9.1.2 住宅建筑中相邻套房之间应采取防火分隔措施。

相关规范要求如下：

《高层民用建筑设计防火规范》GB 50045—95（2005 年版）

5.1.1 高层建筑内应采用防火墙等划分防火分区，每个防火分区允许最大建筑面积，不应超过表 5.1.1 的规定。

每个防火分区的允许最大建筑面积 表 5.1.1

建筑类别	每个防火分区建筑面积（m^2）
一类建筑	1000
二类建筑	1500
地下室	500

注：① 设有自动灭火系统的防火分区，其允许最大建筑面积可按本表增加 1.00 倍；当局部设置自动灭火系统时，增加面积可按该局部面积的 1.00 倍计算。

② 一类建筑的电信楼，其防火分区允许最大建筑面积可按本表增加 50%。

5.1.3 当高层建筑与其裙房之间设有防火墙等防火分隔设施时，其裙房的防火分区允许最大建筑面积不应大于 2500m^2，当设有自动喷水灭火系统时，防火分区允许最大建筑面积可增加 1.00 倍。

5.1.4 高层建筑内设有上下层相连通的走廊、敞开楼梯、自动扶梯、传送带等开口部位时，应按上下连通层作为一个防火分区，其允许最大建筑面积之和不应超过本规范第 5.1.1 条的规定。当上下开口部位设有耐火极限大于3.00h的防火卷帘或水幕等分隔设施时，其面积可不叠加计算。

5.3.3 建筑高度不超过100m的高层建筑，其电缆井、管道井应每隔2~3层在楼板处用相当于楼板耐火极限的不燃烧体作防火分隔；建筑高度超过100m的高层建筑，应在每层楼板处用相当于楼板耐火极限的不燃烧体作防火分隔。

电缆井、管道井与房间、走道等相连通的孔洞，其空隙应采用不燃烧材料填塞密实。

6.2 疏散楼梯间和楼梯

6.2.1 一类建筑和除单元式和通廊式住宅外的建筑高度超过32m的二类建筑以及塔式住宅，均应设防烟楼梯间。防烟楼梯间的设置应符合下列规定：

6.2.1.3 前室和楼梯间的门均应为乙级防火门，并应向疏散方向开启。

6.2.2 裙房和除单元式和通廊式住宅外的建筑高度不超过32m的二类建筑应设封闭楼梯间。封闭楼梯间的设置应符合下列规定：

6.2.2.2 楼梯间应设乙级防火门，并应向疏散方向开启。

6.2.2.3 楼梯间的首层紧接主要出口时，可将走道和门厅等包括在楼梯间内，形成扩大的封闭楼梯间，但应采用乙级防火门等防火措施与其他走道和房间隔开。

6.2.3 单元式住宅每个单元的疏散楼梯均应通至屋顶，其疏散楼梯间的设置应符合下列规定：

6.2.3.1 十一层及十一层以下的单元式住宅可不设封闭楼梯间，但开向楼梯间的户门应为乙级防火门，且楼梯间应靠外墙，并应直接天然采光和自然通风。

9.1.3 当住宅与其他功能空间处于同一建筑内时，住宅部分与非住宅部分之间应采取防火分隔措施，且住宅部分的安全出口和疏散楼梯应独立设置。

经营、存放和使用火灾危险性为甲、乙类物品的商店、作坊和储藏间，严禁附设在住宅建筑中。

相关规范要求如下：

《建筑设计防火规范》GB 50016—2006

5.4.6 住宅与其他功能空间处于同一建筑内时，应符合下列规定：

1 住宅部分与非住宅部分之间应采用不开设门窗洞口的耐火极限不低于1.50h的不燃烧体楼板和不低于2.00h的不燃烧体隔墙与居住部分完全分隔，且居住部分的安全出口和疏散楼梯应独立设置。

《住宅设计规范》GB 50096—1999（2003年版）

4.5.1 住宅建筑内严禁布置存放和使用火灾危险性为甲、乙类物品的商店、车间和仓库，并不应布置产生噪声、振动和污染环境卫生的商店、车间和娱乐设施。

4.5.2 住宅建筑内不宜布置餐饮店，当受条件限制需要布置时，其厨房的烟囱及排气道应高出住宅屋面，其空调、冷藏设备及加工机械应作减振、消声处理，并应达到环境保护规定的有关要求。

4.5.4 住宅与附建公共用房的出入口应分开布置。

9.1.4 住宅建筑的耐火性能、疏散条件和消防设施的设置应满足防火安全要求。

详见第9.2、9.1.2 、9.1.3 、9.1.6 条及第9.5～9.8条注释。

9.1.5 住宅建筑设备的设置和管线敷

相关规范要求如下：

《建筑设计防火规范》GB 50016—2006

设应满足防火安全要求。

5.3.11 居住建筑单元任一层建筑面积大于 $650m^2$，或任一住户的户门至安全出口的距离大于15m时，该建筑单元每层安全出口不应少于2个。当通廊式非住宅类居住建筑超过表5.3.11规定时，安全出口不应少于2个。居住建筑的楼梯间设置形式应符合下列规定：

1 通廊式居住建筑当建筑层数超过2层时应设封闭楼梯间；为户门应采用乙级防火门时，可不调协封闭楼梯间；

2 其他形式的居住建筑当建筑层数超过6层或任一层建筑面积大于 $500m^2$ 时，应设置封闭楼梯间；当户门或通向疏散走道、楼梯间的门、窗为乙级防火门、窗时，可不设置封闭楼梯间。

居住建筑的楼梯间宜通至屋顶，通向平屋面的门或窗应向外开启。

当住宅中的电梯井与疏散楼梯相邻布置时，应设置封闭楼梯间，当户门采用乙级防火门时，可不设置封闭楼梯间。当电梯直通住宅楼层下部的汽车库时，应设置电梯候梯厅并采用防火分隔措施。

通廊式非住宅类居住建筑可设置1个疏散楼梯的条件

表5.3.11

耐火等级	最多层数	每层最大建筑面积（m^2）	人　　数
一、二级	3层	500	第二层和第三层的人数之和不超过100人
三级	3层	200	第二层和第三层的人数之和不超过50人
四级	2层	200	第二层人数不超过30人

5.4.6 住宅与其他功能空间处于同一建筑内时，应符合下列规定：

1 住宅部分与非住宅部分之间应采用不开设门窗洞口的耐火极限不低于1.50h的不燃烧体楼板和不低于2.00h的不燃烧体隔墙与居住部分完全分隔，且居住部分的安全出口和疏散楼梯应独立设置；

2 其他功能场所和居住部分的安全疏散、消防设施等防火设计，应分别按照本规范中住宅建筑和公共建筑的有关规定执行，其中居住部分的层数确定应包括其他功能部分的层数。

7.1.5 防火墙上不应开设门窗洞口，当必须开设时，应设置固定的或火灾时能自动关闭的甲级防火门窗。

可燃气体和甲、乙、丙类液体的管道严禁穿过防火墙。其他管道不宜穿过防火墙，当必须穿过时，应采用防火封堵材料将墙与管道之间的空隙紧密填实；当管道为难燃及可燃材质时，应在防火墙两侧的管道上采取防火措施。

防火墙内不应设置排气道。

7.2.4 建筑内的隔墙应从楼地面基层隔断至顶板底面基层。

住宅分户墙和单元之间的墙应砌至屋面板底部，屋面板的耐火极限不应低于0.50h。

7.2.9 电梯井应独立设置，井内严禁敷设可燃气体和甲、乙、丙类液体管道，并不应敷设与电梯无关的电缆、电线等。电梯井的井壁除开设电梯门洞和通气孔洞外，不应开设其他洞口。电梯门不应采用栅栏门。

电缆井、管道井、排烟道、排气道、垃圾道等竖向管道井，应分别独立设置；其井壁应为耐火极限不低于1.00h的不燃烧体；井壁上的检查门应采用丙级防火门。

7.2.10 建筑内的电缆井、管道井应在每层楼板处采用不低于楼板耐火极限的不燃烧体或防火封堵材料封堵。

建筑内的电缆井、管道井与房间、走道等相连通的孔洞应采用防火封堵材料封堵。

7.2.11 位于墙、楼板两侧的防火阀、排烟防火阀之间的风管外壁应采取防火保护措施。

7.3.1 在三、四级耐火等级建筑的闷顶内采用锯末等可燃材料作绝热层时，其屋顶不应采用冷摊瓦。

闷顶内的非金属烟囱周围0.5m、金属烟囱0.7m范围内，应采用不燃材料作绝热层。

7.3.2 建筑层数超过2层的三级耐火等级建筑，当设置有闷顶时，应在每个防火隔断范围内设置老虎窗，且老虎窗的间距不宜大于50m。

7.3.3 闷顶内有可燃物的建筑，应在每个防火隔断范围内设置不小于0.7m×0.7m的闷顶入口，且公共建筑的每个防火隔断范围内的闷顶入口不宜少于2个。闷顶入口宜布置在走廊中靠近楼梯间的部位。

7.3.4 电线电缆、可燃气体和甲、乙、丙类液体的管道不宜穿过建筑内的变形缝；当必须穿过时，应在穿过处加设不燃材料制作的套管或采取其他防变形措施，并应采用防火封堵材料封堵。

7.3.5 防烟、排烟、采暖、通风和空气调节系统中的管道，在穿越隔墙、楼板及防火分区处的缝隙应采用防火封堵材料封堵。

7.4.1 疏散用的楼梯间应符合下列规定：

1 楼梯间应能天然采光和自然通风，并宜靠外墙设置；

2 楼梯间内不应设置烧水间、可燃材料储藏室、垃圾道；

3 楼梯间内不应有影响疏散的凸出物或其他障碍物；

4 楼梯间内不应敷设甲、乙、丙类液体管道；

6 居住建筑的楼梯间内不应敷设可燃气体管道和设置可燃气体计量表。当住宅建筑必须设置时，应采用金属套管和设置切断气源的装置等保护措施。

8.1.2 在城市、居住区、工厂、仓库等的规划和建筑设计时，必须同时设计消防给水系统。城市、居住区应设市政消火栓。民用建筑、厂房（仓库）、储罐（区）、堆场应设室外消火栓。民用建筑、厂房（仓库）应设室内消火栓，并应符合本规范第 8.3.1 条的规定。

消防用水可由城市给水管网、天然水源或消防水池供给。利用天然水源时，其保证率不应小于 97%，且应设置可靠的取水设施。

耐火等级不低于二级，且建筑物体积小于等于 $3000m^3$ 的戊类厂房或居住区人数不超过 500 人且建筑物层数不超过两层的居住区，可不设置消防给水。

8.3.1 除符合本规范第 8.3.4 条规定外，下列建筑应设置 DN65 的室内消火栓：

5 超过 7 层的住宅应设置室内消火栓系统，当确有困难时，可只设置干式消防竖管和不带消火栓箱的 DN65 的室内消火栓。消防竖管的直径不应小于 DN65。

注：耐火等级为一、二级且可燃物较少的单层、多层丁、戊类厂房（仓库），耐火等级为三、四级且建筑体积小于等于 $3000m^3$ 的丁类厂房和建筑体积小于等于 $5000m^3$ 的戊类厂房（仓库），粮食仓库、金库可不设置室内消火栓。

10.2.6 建筑内采暖管道和设备的绝热材料应符合下列规定：

1 对于甲、乙类厂房或甲、乙类仓库，应采用不燃材料；

2 对于其他建筑，宜采用不燃材料，不得采用可燃材料。

9.1.6 住宅建筑的防火与疏散要求应根据建筑层数、建筑面积等因素确定。

注：1 当住宅和其他功能空间处于同一建筑内时，应将住宅部分的层数与其他功能空间的层数叠加计算建筑层数。

2 当建筑中有一层或若干层的层高超过3m时，应对这些层按其高度总和除以3m进行层数折算，余数不足1.5m时，多出部分不计入建筑层数；余数大于或等于1.5m时，多出部分按1层计算。

相关规范要求如下：

《建筑设计防火规范》GB 50016—2006

5.3.1 民用建筑的安全出口应分散布置。每个防火分区、一个防火分区的每个楼层，其相邻2个安全出口最近边缘之间的水平距离不应小于5m。

5.3.8 公共建筑和通廊式非住宅类居住建筑中各房间疏散门的数量应经计算确定，且不应少于2个，该房间相邻2个疏散门最近边缘之间的水平距离不应小于5m。当符合下列条件之一时，可设置1个：

1 房间位于2个安全出口之间，且建筑面积小于等于$120m^2$，疏散门的净宽度不小于0.9m；

2 除托儿所、幼儿园、老年人建筑外，房间位于走道尽端，且由房间内任一点到疏散门的直线距离小于等于15m、其疏散门的净宽度不小于1.4m；

5.3.11 居住建筑单元任一层建筑面积大于$650m^2$，或任一住户的户门至安全出口的距离大于15m时，该建筑单元每层安全出口不应少于2个。当通廊式非住宅类居住建筑超过表

5.3.11 规定时，安全出口不应少于2个。居住建筑的楼梯间设置形式应符合下列规定：

通廊式非住宅类居住建筑可设置1个疏散楼梯的条件

表5.3.11

耐火等级	最多层数	每层最大建筑面积（m^2）	人　数
一、二级	3层	500	第二层和第三层的人数之和不超过100人
三级	3层	200	第二层和第三层的人数之和不超过50人
四级	2层	200	第二层人数不超过30人

1 通廊式居住建筑当建筑层数超过2层时应设封闭楼梯间；当户门应采用乙级防火门时，可不设置封闭楼梯间；

2 其他形式的居住建筑当建筑层数超过6层或任一层建筑面积大于500m^2时，应设置封闭楼梯间，当户门或通向疏散走道、楼梯间的门、窗为乙级防火门、窗时，可不设置封闭楼梯间。

居住建筑的楼梯间宜通至屋顶，通向平屋面的门或窗应向外开启。

当住宅中的电梯井与疏散楼梯相邻布置时，应设置封闭楼梯间，当户门采用乙级防火门时，可不设置封闭楼梯间。当电梯直通住宅楼层下部的汽车库时，应设置电梯候梯厅并采用防火分隔措施。

5.3.12 地下、半地下建筑（室）安全出口和房间疏散门的设置应符合下列规定：

1 每个防火分区的安全出口数量应经计算确定，且不应少于2个。当平面上有2个或2个以上防火分区相邻布置时，每个防火分区可利用防火墙上1个通向相邻分区的防火门作为第二安全出口，但必须有1个直通室外的安全出口；

2 使用人数不超过30人且建筑面积小于等于500m^2的地下、半地下建筑（室），其直通室外的金属竖向梯可作为第二安全出口；

3 房间建筑面积小于等于50m^2，且经常停留人数不超过15人时，可设置1个疏散门；

4 歌舞娱乐放映游艺场所的安全出口不应少于2个，其中每个厅室或房间的疏散门不应少于2个。当其建筑面积小于等于50m^2且经常停留人数不超过15人时，可设置1个疏散门；

5 地下商店和设置歌舞娱乐放映游艺场所的地下建筑（室），当地下层数为3层及3层以上或地下室内地面与室外出入口地坪高差大于10m时，应设置防烟楼梯间；其他地下商店和设置歌舞娱乐放映游艺场所的地下建筑，应设置封闭楼梯间；

6 地下、半地下建筑的疏散楼梯间应符合本规范第7.4.4条的规定。

5.3.13 民用建筑的安全疏散距离应符合下列规定：

1 直接通向疏散走道的房间疏散门至最近安全出口的距离应符合表5.3.13的规定；

2 直接通向疏散走道的房间疏散门至最近非封闭楼梯间的距离，当房间位于两个楼梯间之间时，应按表5.3.13的规定减少5m；当房间位于袋形走道两侧或尽端时，应按表5.3.13的规定减少2m；

3 楼梯间的首层应设置直通室外的安全出口或在首层采用扩大封闭楼梯间。当层数不超过4层时，可将直通室外的安全出口设置在离楼梯间小于等于15m处；

4 房间内任一点到该房间直接通向疏散走道的疏散门的距离，不应大于表 5. 3. 13 中规定的袋形走道两侧或尽端的疏散门至安全出口的最大距离。

直接通向疏散走道的房间疏散门至最近安全出口的最大距离（m） 表 5. 3. 13

名 称	位于两个安全出口之间的疏散门			位于袋形走道两侧或尽端的疏散门		
	耐火等级			耐火等级		
	一、二级	三级	四级	一、二级	三级	四级
托儿所、幼儿园	25	20	—	20	15	—
医院、疗养院	35	30	—	20	15	—
学校	35	30	—	22	20	—
其他民用建筑	40	35	25	22	20	15

注：① 一、二级耐火等级的建筑物内的观众厅、展览厅、多功能厅、餐厅、营业厅和阅览室等，其室内任何一点至最近安全出口的直线距离不宜大于 30. 0m。

② 敞开式外廊建筑的房间疏散门至安全出口的最大距离可按本表增加 5m。

③ 建筑物内全部设置自动喷水灭火系统时，其安全疏散距离可按本表和本表注①的规定增加 25% 。

④ 房间内任一点到该房间直接通向疏散走道的疏散门的距离计算：住宅应为最远房间内任一点到户门的距离，跃层式住宅内的户内楼梯的距离可按其梯段总长度的水平投影尺寸计算。

5. 3. 14 除本规范另有规定者外，建筑中的疏散走道、安全出口、疏散楼梯以及房间疏散门的各自总宽度应经计算确定。

安全出口、房间疏散门的净宽度不应小于 0. 9m，疏散走道和疏散楼梯的净宽度不应小于 1. 1m；不超过 6 层的单元式住宅，当疏散楼梯的一边设置栏杆时，最小净宽度不宜小于 1m。

《高层民用建筑设计防火规范》GB 50045—95（2005年版）

6 安全疏散和消防电梯

6.1 一般规定

6.1.1 高层建筑每个防火分区的安全出口不应少于2个。但符合下列条件之一时，可设1个安全出口：

6.1.1.1 十八层及十八层以下，每层不超过8户、建筑面积不超过650m^2，且设有1座防烟楼梯间和消防电梯的塔式住宅。

6.1.15 除设有排烟设施和应急照明者外，高层建筑内的走道长度超过20m时，应设置直接天然采光和自然通风的设施。

6.1.16 高层建筑的公共疏散门均应向疏散方向开启，且不应采用侧拉门、吊门和转门。人员密集场所防止外部人员随意进入的疏散用门，应设置火灾时不需使用钥匙等任何器具即能迅速开启的装置，并应在明显位置设置使用提示。

6.2 疏散楼梯间和楼梯

6.2.1 一类建筑和除单元式和通廊式住宅外的建筑高度超过32m的二类建筑以及塔式住宅，均应设防烟楼梯间。防烟楼梯间的设置应符合下列规定：

6.2.1.1 楼梯间入口处应设前室、阳台或凹廊。

6.2.1.2 前室的面积，公共建筑不应小于6.00m^2，居住建筑不应小于4.50m^2。

6.2.1.3 前室和楼梯间的门均应为乙级防火门，并应向疏散方向开启。

6.2.2 裙房和除单元式和通廊式住宅外的建筑高度不超过32m的二类建筑应设封闭楼梯间。封闭楼梯间的设置应符合下列规定：

6.2.2.1 楼梯间应靠外墙，并应直接天然采光和自然通风，当不能直接天然采光和自然通风时，应按防烟楼梯间规定设置。

6.2.2.2 楼梯间应设乙级防火门，并应向疏散方向开启。

6.2.2.3 楼梯间的首层紧接主要出口时，可将走道和门厅等包括在楼梯间内，形成扩大的封闭楼梯间，但应采用乙级防火门等防火措施与其他走道和房间隔开。

6.2.3 单元式住宅每个单元的疏散楼梯均应通至屋顶，其疏散楼梯间的设置应符合下列规定：

6.2.3.1 十一层及十一层以下的单元式住宅可不设封闭楼梯间，但开向楼梯间的户门应为乙级防火门，且楼梯间应靠外墙，并应直接天然采光和自然通风。

6.2.3.2 十二层及十八层的单元式住宅应设封闭楼梯间。

6.2.3.3 十九层及十九层以上的单元式住宅应设防烟楼梯间。

6.2.4 十一层及十一层以下的通廊式住宅应设封闭楼梯间；超过十一层的通廊式住宅应设防烟楼梯间。

6.3 消防电梯

6.3.1 下列高层建筑应设消防电梯：

6.3.1.3 十二层及十二层以上的单元式住宅和通廊式住宅。

6.3.1.4 高度超过32m的其他二类公共建筑。

6.3.2 高层建筑消防电梯的设置数量应符合下列规定：

6.3.2.1 当每层建筑面积不大于1500m^{2}时，应设1台。

7.4.2 消防竖管的布置，应保证同层相邻两个消火栓的水枪的充实水柱同时达到被保护范围内的任何部位。每根消防竖管的直径应按通过的流量经计算确定，但不应小于100mm。

以下情况，当设两2根消防竖管有困难时，可设1根竖管，但必须采用双阀双出口型消火栓。

1 十八层及十八层以下的单元式住宅；

2 十八层及十八层以下，每层不超过8户、建筑面积不超过650m² 的塔式住宅，

9.2 耐火等级及其构件耐火极限

9.2.1 住宅建筑的耐火等级应划分为一、二、三、四级，其构件的燃烧性能和耐火极限不应低于表9.2.1的规定。

相关规范要求如下：

《建筑设计防火规范》GB 50016—2006

5.1.1 民用建筑的耐火等级应分为一、二、三、四级。除本规范另有规定者外，不同耐火等级建筑物相应构件的燃烧性能和耐火极限不应低于表5.1.1的规定。

5.1.2 二级耐火等级的建筑，当房间隔墙采用难燃烧体时，其耐火极限应提高0.25h。

5.1.3 一、二级耐火等级建筑的上人平屋顶，其屋面板的耐火极限分别不应低于1.50h和1.00h。

5.1.4 一、二级耐火等级建筑的屋面板应采用不燃烧材料，但其屋面防水层和绝热层可采用可燃材料。

5.1.5 二级耐火等级住宅的楼板采用预应力钢筋混凝土楼板时，该楼板的耐火极限不应低于0.75h。

住宅建筑构件的燃烧性能和耐火极限（h） 表 9.2.1

构件名称		耐火等级			
		一级	二级	三级	四级
墙	防火墙	不燃性 3.00	不燃性 3.00	不燃性 3.00	不燃性 3.00
墙	非承重外墙、疏散走道两侧的隔墙	不燃性 1.00	不燃性 1.00	不燃性 0.75	难燃性 0.75
墙	楼梯间的墙、电梯井的墙、住宅单元之间的墙、住宅分户墙、承重墙	不燃性 2.00	不燃性 2.00	不燃性 1.50	难燃性 1.00
墙	房间隔墙	不燃性 0.75	不燃性 0.50	难燃性 0.50	难燃性 0.25
柱		不燃性 3.00	不燃性 2.50	不燃性 2.00	难燃性 1.00
梁		不燃性 2.00	不燃性 1.50	不燃性 1.00	难燃性 1.00
楼板		不燃性 1.50	不燃性 1.00	不燃性 0.75	难燃性 0.50
屋顶承重构件		不燃性 1.50	不燃性 1.00	难燃性 0.50	难燃性 0.25
疏散楼梯		不燃性 1.50	不燃性 1.00	不燃性 0.75	难燃性 0.50

注：表中的外墙指除外保温层外的主体构件。

建筑物构件的燃烧性能和耐火极限（h） 表5.1.1

构件名称		耐火等级			
		一级	二级	三级	四级
墙	防火墙	不燃烧体 3.00	不燃烧体 3.00	不燃烧体 3.00	不燃烧体 3.00
	承重墙	不燃烧体 3.00	不燃烧体 2.50	不燃烧体 2.00	难燃烧体 0.50
	非承重外墙	不燃烧体 1.00	不燃烧体 1.00	不燃烧体 0.50	燃烧体
	楼梯间的墙 电梯井的墙 住宅单元之间的墙 住宅分户墙	不燃烧体 2.00	不燃烧体 2.00	不燃烧体 1.50	难燃烧体 0.50
	疏散走道两侧的隔墙	不燃烧体 1.00	不燃烧体 1.00	不燃烧体 0.50	难燃烧体 0.25
	房间隔墙	不燃烧体 0.75	不燃烧体 0.50	难燃烧体 0.50	难燃烧体 0.25
柱		不燃烧体 3.00	不燃烧体 2.50	不燃烧体 2.00	难燃烧体 0.50
梁		不燃烧体 2.00	不燃烧体 1.50	不燃烧体 1.00	难燃烧体 0.50
楼板		不燃烧体 1.50	不燃烧体 1.00	不燃烧体 0.50	燃烧体
屋顶承重构件		不燃烧体 1.50	不燃烧体 1.00	燃烧体	燃烧体
疏散楼梯		不燃烧体 1.50	不燃烧体 1.00	不燃烧体 0.50	燃烧体
吊顶（包括吊顶搁栅）		不燃烧体 0.25	难燃烧体 0.25	难燃烧体 0.15	燃烧体

注：① 除本规范另有规定者外，以木柱承重且以不燃烧材料作为墙体的建筑物，其耐火等级应按四级确定。

② 二级耐火等级建筑的吊顶采用不燃烧体时，其耐火极限不限。

③ 在二级耐火等级的建筑中，面积不超过100m^2的房间隔墙，如执行本表的规定确有困难时，可采用耐火极限不低于0.30h的不燃烧体。

④ 一、二级耐火等级建筑疏散走道两侧的隔墙，按本表规定执行确有困难时，可采用耐火极限不低于0.75h的不燃烧体。

⑤ 住宅建筑构件的耐火极限和燃烧性能可按现行国家标准《住宅建筑规范》GB 50368的规定执行。

5.1.6 三级耐火等级的下列建筑或部位的吊顶，应采用不燃烧体或耐火极限不低于0.25h的难燃烧体：

1 医院、疗养院、中小学校、老年人建筑及托儿所、幼儿园的儿童用房和儿童游乐厅等儿童活动场所；

2 3层及3层以上建筑中的门厅、走道。

《高层民用建筑设计防火规范》GB 50045—95（2005年版）

3.0.2 高层建筑的耐火等级应分为一、二两级，其建筑构件的燃烧性能和耐火极限不应低于表3.0.2的规定。各类建筑构件的燃烧性能和耐火极限可按附录A确定。

建筑构件的燃烧性能和耐火极限　　表3.0.2

构件名称 \ 燃烧性能的耐火极限(h)		耐火等级	
		一级	二级
墙	防火墙	不燃烧体3.00	不燃烧体3.00
墙	承重墙、楼梯间的墙、电梯井的墙、住宅单元之间的墙、住宅分户墙	不燃烧体2.00	不燃烧体2.00
墙	非承重外墙、疏散走道两侧的隔墙	不燃烧体1.00	不燃烧体1.00
墙	房间隔墙	不燃烧体0.75	不燃烧体0.50
柱		不燃烧体3.00	不燃烧体2.50
梁		不燃烧体2.00	不燃烧体1.50
楼板、疏散楼梯、屋顶承重构件		不燃烧体1.50	不燃烧体1.00
吊顶		不燃烧体0.25	难燃烧体0.25

9.2.2 四级耐火等级的住宅建筑最多允许建造层数为3层,三级耐火等级的住宅建筑最多允许建造层数为9层,二级耐火等级的住宅建筑最多允许建造层数为18层。

相关规范要求如下:

《建筑设计防火规范》GB 50016—2006

5.1.7 民用建筑的耐火等级、最多允许层数和防火分区最大允许建筑面积应符合表5.1.7的规定。

民用建筑的耐火等级、最多允许层数和防火分区最大允许建筑面积　表5.1.7

耐火等级	最多允许层数	防火分区的最大允许建筑面积(m^2)	备　注
一、二级	按本规范第1.0.2条规定	2500	1. 体育馆、剧院的观众厅,展览建筑的展厅,其防火分区最大允许建筑面积可适当放宽; 2. 托儿所、幼儿园的儿童用房和儿童游乐厅等儿童活动场所不应超过3层或设置在四层及四层以上楼层或地下、半地下建筑(室)内
三级	5层	1200	1. 托儿所、幼儿园的儿童用房和儿童游乐厅等儿童活动场所、老年人建筑和医院、疗养院的住院部分不应超过2层或设置在三层及三层以上楼层或地下、半地下建筑(室)内; 2. 商店、学校、电影院、剧院、礼堂、食堂、菜市场不应超过2层或设置在三层及三层以上楼层

续表

耐火等级	最多允许层数	防火分区的最大允许建筑面积（m^2）	备 注
四级	2层	600	学校、食堂、菜市场、托儿所、幼儿园、老年人建筑、医院等不应设置在二层
地下、半地下建筑（室）		500	—

注：建筑内设置自动灭火系统时，该防火分区的最大允许建筑面积可按本表的规定增加1.0倍。局部设置时，增加面积可按该局部面积的1.0倍计算。

5.1.8 地下、半地下建筑（室）的耐火等级应为一级；重要公共建筑的耐火等级不应低于二级。

5.1.9 当多层建筑物内设置自动扶梯、敞开楼梯等上下层相连通的开口时，其防火分区面积应按上下层相连通的面积叠加计算；当其建筑面积之和大于本规范第5.1.7条的规定时，应划分防火分区。

5.1.10 建筑物内设置中庭时，其防火分区面积应按上下层相连通的面积叠加计算；当超过一个防火分区最大允许建筑面积时，应符合下列规定：

1 房间与中庭相通的开口部位应设置能自行关闭的甲级防火门窗；

2 与中庭相通的过厅、通道等处应设置甲级防火门或防火卷帘；防火门或防火卷帘应能在火灾时自动关闭或降落。防火卷帘的设置应符合本规范第7.5.3条的规定；

3 中庭应按本规范第 9 章的规定设置排烟设施。

5.1.11 防火分区之间应采用防火墙分隔。当采用防火墙确有困难时，可采用防火卷帘等防火分隔设施分隔。采用防火卷帘时应符合本规范第 7.5.3 条的规定。

9.3 防火间距

9.3.1 住宅建筑与相邻建筑、设施之间的防火间距应根据建筑的耐火等级、外墙的防火构造、灭火救援条件及设施的性质等因素确定。

详见第 9.2、9.4.1、9.1.1、9.8、9.6 条注释。

9.3.2 住宅建筑与相邻民用建筑之间的防火间距应符合表 9.3.2 的要求。当建筑相邻外墙采取必要的防火措施后，其防火间距可适当减少或贴邻。

相关规范要求如下：

《建筑设计防火规范》GB 50016—2006

5.2.1 民用建筑之间的防火

住宅建筑与相邻民用建筑之间的防火间距(m) 表 9.3.2

<table>
<tr><th colspan="3" rowspan="3">建筑类别</th><th colspan="2">10 层及 10 层以上住宅或其他高层民用建筑</th><th colspan="3">10 层以下住宅或其他非高层民用建筑</th></tr>
<tr><th rowspan="2">高层建筑</th><th rowspan="2">裙房</th><th colspan="3">耐火等级</th></tr>
<tr><th>一、二级</th><th>三级</th><th>四级</th></tr>
<tr><td rowspan="3">10 层以下住宅</td><td rowspan="3">耐火等级</td><td>一、二级</td><td>9</td><td>6</td><td>6</td><td>7</td><td>9</td></tr>
<tr><td>三级</td><td>11</td><td>7</td><td>7</td><td>8</td><td>10</td></tr>
<tr><td>四级</td><td>14</td><td>9</td><td>9</td><td>10</td><td>12</td></tr>
<tr><td colspan="3">10 层及 10 层以上住宅</td><td>13</td><td>9</td><td>9</td><td>11</td><td>14</td></tr>
</table>

间距不应小于表 5.2.1 的规定，与其他建筑物之间的防火间距应按本规范第 3 章和第 4 章的有关规定执行。

民用建筑之间的防火间距（m） 表 5.2.1

耐火等级	一、二级	三级	四级
一、二级	6	7	9
三级	7	8	10
四级	9	10	12

注：1 两座建筑物相邻较高一面外墙为防火墙或高出相邻较低一座一、二级耐火等级建筑物的屋面 15m 范围内的外墙为防火墙且不开设门窗洞口时，其防火间距可不限。

2 相邻的两座建筑物，当较低一座的耐火等级不低于二级、屋顶不设置天窗、屋顶承重构件及屋面板的耐火极限不低于 1.00h，且相邻的较低一面外墙为防火墙时，其防火间距不应小于 3.5m。

3 相邻的两座建筑物，当较低一座的耐火等级不低于二级，相邻较高一面外墙的开口部位设置甲级防火门窗，或设置符合现行国家标准《自动喷水灭火系统设计规范》GB 50084 规定的防火分隔水幕或本规范第 7.5.3 条规定的防火卷帘时，其防火间距不应小于 3.5m。

4 相邻两座建筑物，当相邻外墙为不燃烧体且无外露的燃烧体屋檐，每面外墙上未设置防火保护措施的门窗洞口不正对开设，且面积之和小于等于该外墙面积的 5% 时，其防火间距可按本表规定减少 25%。

5 耐火等级低于四级的原有建筑物，其耐火等级可按四级确定；以木柱承重且以不燃烧材料作为墙体的建筑，其耐火等级应按四级确定。

6 防火间距应按相邻建筑物外墙的最近距离计算，当外墙有凸出的燃烧构件时，应从其凸出部分外缘算起。

《高层民用建筑设计防火规范》GB 50045—95（2005 年版）

4.2.1 高层建筑之间及高层建筑与其他民用建筑之间的防火间距，不应小于表 4.2.1 的规定。

4.2.2 两座高层建筑或高层建筑与不低于二级耐火等

级的单层、多层民用建筑相邻，当较高一面外墙为防火墙或比相邻较低一座建筑屋面高15m及以下范围内的墙为不开设门、窗洞口的防火墙时，其防火间距可不限。

高层建筑之间及高层建筑与其他民用建筑之间的防火间距（m） 表4.2.1

建筑类别	高层建筑	裙　房	其他民用建筑		
			耐火等级		
			一、二级	三级	四级
高层建筑	13	9	9	11	14
裙　房	9	6	6	7	9

注：防火间距应按相邻建筑外墙的最近距离计算；当外墙有突出可燃构件时，应从其突出的部分外缘算起。

4.2.3 两座高层建筑或高层建筑与不低于二级耐火等级的单层、多层民用建筑相邻，当较低一座的屋顶不设天窗、屋顶承重构件的耐火极限不低于1.00h，且相邻较低一面外墙为防火墙时，其防火间距可适当减小，但不宜小于4.00m。

4.2.4 两座高层建筑或高层建筑与不低于二级耐火等级的单层、多层民用建筑相邻，当相邻较高一面外墙耐火极限不低于2.00h，墙上开口部位设有甲级防火门、窗或防火卷帘时，其防火间距可适当减小，但不宜小于4.00m。

9.4 防火构造

9.4.1 住宅建筑上下相邻套房开口部位间应设置高度不低于0.8m的窗槛

相关规范要求如下：

《高层民用建筑设计防火规范》GB 50045—95（2005年版）

3.0.8 建筑幕墙的设置应符合下列规定：

墙或设置耐火极限不低于**1.00h**的不燃性实体挑檐，其出挑宽度不应小于**0.5m**，长度不应小于开口宽度。

9.4.2 楼梯间窗口与套房窗口最近边缘之间的水平间距不应小于**1.0m**。

9.4.3 住宅建筑中竖井的设置应符合下列要求：

1 电梯井应独立设置，井内严禁敷设燃气管道，并不应敷设与电梯无关的电缆、电线等。电梯井井壁上除开设电梯门洞和通气孔洞外，不应开设其他洞口。

2 电缆井、管道井、排烟道、排气道等竖井应分别独立设置，其井壁应采用耐火极限不低于**1.00h**的不燃性构件。

3 电缆井、管道

3.0.8.1 窗槛墙、窗间墙的填充材料应采用不燃烧材料。当其外墙面采用耐火极限不低于1.00h的不燃烧体时，其墙内填充材料可采用难燃烧材料。

6.1.17 建筑物直通室外的安全出口上方，应设置宽度不小于1.00m的防火挑檐。

条文说明：本条对防止楼梯间受到住户火灾烟气影响的水平间距限值做了规定。楼梯间作为人员疏散的途径，保证其免受住户火灾烟气的影响十分重要。

相关规范要求如下：

《建筑设计防火规范》GB 50016—2006

7.2.4 建筑内的隔墙应从楼地面基层隔断至顶板底面基层。

住宅分户墙和单元之间的墙应砌至屋面板底部，屋面板的耐火极限不应低于0.50h。

7.2.9 电梯井应独立设置，井内严禁敷设可燃气体和甲、乙、丙类液体管道，并不应敷设与电梯无关的电缆、电线等。电梯井的井壁除开设电梯门洞和通气孔洞外，不应开设其他洞口。电梯门不应采用栅栏门。

电缆井、管道井、排烟道、排气道、垃圾道等竖向管道井，应分别独立设置；其井壁应为耐火极限不低于1.00h的不燃烧体；井壁上的检查门应采用丙级防火门。

7.2.10 建筑内的电缆井、管道井应在每层楼板处采用不低于楼板耐火极限的不燃烧体或防火封堵材料封堵。

井应在每层楼板处采用不低于楼板耐火极限的不燃性材料或防火封堵材料封堵；电缆井、管道井与房间、走道等相连通的孔洞，其空隙应采用防火封堵材料封堵。

4 电缆井和管道井设置在防烟楼梯间前室、合用前室时，其井壁上的检查门应采用丙级防火门。

建筑内的电缆井、管道井与房间、走道等相连通的孔洞应采用防火封堵材料封堵。

7.2.11 位于墙、楼板两侧的防火阀、排烟防火阀之间的风管外壁应采取防火保护措施。

7.4.3 防烟楼梯间除应符合本规范第7.4.1条的有关规定外，尚应符合下列规定：

1 当不能天然采光和自然通风时，楼梯间应按本规范第9章的规定设置防烟或排烟设施，应按本规范第11章的规定设置消防应急照明设施；

2 在楼梯间入口处应设置防烟前室、开敞式阳台或凹廊等。防烟前室可与消防电梯间前室合用；

3 前室的使用面积：公共建筑不应小于 $6.0m^2$，居住建筑不应小于 $4.5m^2$；合用前室的使用面积：公共建筑、高层厂房以及高层仓库不应小于 $10.0m^2$，居住建筑不应小于 $6.0m^2$；

4 疏散走道通向前室以及前室通向楼梯间的门应采用乙级防火门；

5 除楼梯间门和前室门外，防烟楼梯间及其前室的内墙上不应开设其他门窗洞口（住宅的楼梯间前室除外）；

6 楼梯间的首层可将走道和门厅等包括在楼梯间前室内，形成扩大的防烟前室，但应采用乙级防火门等措施与其他走道和房间隔开。

7.4.11 建筑中的封闭楼梯间、防烟楼梯间、消防电梯间前室及合用前室，不应设置卷帘门。

疏散走道在防火分区处应设置甲级常开防火门。

《高层民用建筑设计防火规范》GB 50045—95（2005 年版）

5.3.1 电梯井应独立设置，井内严禁敷设可燃气体和甲、乙、丙类液体管道，并不应敷设与电梯无关的电缆、电线等。电梯井井壁除开设电梯门洞和通气孔洞外，不应开设其他洞口。电梯门不应采用栅栏门。

5.3.2 电缆井、管道井、排烟道、排气道、垃圾道等竖向管道井，应分别独立设置；其井壁应为耐火极限不低于 1.00h 的不燃烧体；井壁上的检查门应采用丙级防火门。

5.3.3 建筑高度不超过 100m 的高层建筑，其电缆井、管道井应每隔 2～3 层在楼板处用相当于楼板耐火极限的不燃烧体作防火分隔；建筑高度超过 100m 的高层建筑，应在每层楼板处用相当于楼板耐火极限的不燃烧体作防火分隔。

电缆井、管道井与房间、走道等相连通的孔洞，其空隙应采用不燃烧材料填塞密实。

《民用建筑电气设计规范》JGJ 16—2008

9.4.5 井道配电应符合下列规定：

1 电梯井道应为电梯专用，井道内不得装设与电梯无关的设备、电缆等。

9.4.4 当住宅建筑中的楼梯、电梯直通住宅楼层下部的汽车库时，楼梯、电梯在汽车库出入

相关规范要求如下：

《汽车库、修车库、停车场设计防火规范》GB 50067—97

5.1.6 汽车库、修车库贴邻其他建筑物时，必须采用防火墙隔开。设在其他建筑物内的汽车

口部位应采取防火分隔措施。

库（包括屋顶的汽车库）、修车库与其他部分应采用耐火极限不低于3.00h的不燃烧体隔墙和2.00h的不燃烧体楼板分隔，汽车库修车库的外墙门、窗、洞口的上方应设置不燃烧体的防火挑檐。外墙的上、下窗间墙高度不应小于1.2m。

防火挑檐的宽度不应小于1m，耐火极限不应低于1.00h。

9.5 安全疏散

9.5.1 住宅建筑应根据建筑的耐火等级、建筑层数、建筑面积、疏散距离等因素设置安全出口，并应符合下列要求：

1 10层以下的住宅建筑，当住宅单元任一层的建筑面积大于650m²，或任一套房的户门至安全出口的距离大于15m时，该住宅单元每层的安全出口不应少于2个。

2 10层及10层以上但不超过18

相关规范要求如下：

《建筑设计防火规范》GB 50016—2006

5.3.1 民用建筑的安全出口应分散布置。每个防火分区、一个防火分区的每个楼层，其相邻2个安全出口最近边缘之间的水平距离不应小于5m。

5.3.6 自动扶梯和电梯不应作为安全疏散设施。

5.3.8 公共建筑和通廊式非住宅类居住建筑中各房间疏散门的数量应经计算确定，且不应少于2个，该房间相邻2个疏散门最近边缘之间的水平距离不应小于5m。当符合下列条件之一时，可设置1个：

1 房间位于2个安全出口之间，且建筑面积小于等于120m²，疏散门的净宽度不小于0.9m；

2 除托儿所、幼儿园、老年人建筑外，房间位于走道尽端，且由房间内任一点到疏散门的直线距离小于等于15m、其疏散门的净宽度不小于1.4m；

层的住宅建筑，当住宅单元任一层的建筑面积大于 650m²，或任一套房的户门至安全出口的距离大于 10m 时，该住宅单元每层的安全出口不应少于 2 个。

3　19 层及 19 层以上的住宅建筑，每个住宅单元每层的安全出口不应少于 2 个。

5.3.11　居住建筑单元任一层建筑面积大于 650m²，或任一住户的户门至安全出口的距离大于 15m 时，该建筑单元每层安全出口不应少于 2 个。当通廊式非住宅类居住建筑超过表 5.3.11 规定时，安全出口不应少于 2 个。居住建筑的楼梯间设置形式应符合下列规定：

1　通廊式居住建筑当建筑层数超过 2 层时应设封闭楼梯间；当户门应采用乙级防火门时，可不设置封闭楼梯间；

2　其他形式的居住建筑当建筑层数超过 6 层或任一层建筑面积大于 500m² 时，应设置封闭楼梯间；当户门或通向疏散走道、楼梯间的门、窗为乙级防火门、窗时，可不设置封闭楼梯间。

居住建筑的楼梯间宜通至屋顶，通向平屋面的门或窗应向外开启。

当住宅中的电梯井与疏散楼梯相邻布置时，应设置封闭楼梯间，当户门采用乙级防火门时，可不设置封闭楼梯间。当电梯直通住宅楼层下部的汽车库时，应设置电梯候梯厅并采用防火分隔措施。

通廊式非住宅类居住建筑可设置1个疏散楼梯的条件　表 5.3.11

耐火等级	最多层数	每层最大建筑面积（m²）	人　数
一、二级	3 层	500	第二层和第三层的人数之和不超过 100 人
三级	3 层	200	第二层和第三层的人数之和不超过 50 人
四级	2 层	200	第二层人数不超过 30 人

5.3.12 地下、半地下建筑（室）安全出口和房间疏散门的设置应符合下列规定：

1 每个防火分区的安全出口数量应经计算确定，且不应少于2个。当平面上有2个或2个以上防火分区相邻布置时，每个防火分区可利用防火墙上1个通向相邻分区的防火门作为第二安全出口，但必须有1个直通室外的安全出口；

2 使用人数不超过30人且建筑面积小于等于500m^2的地下、半地下建筑（室），其直通室外的金属竖向梯可作为第二安全出口；

3 房间建筑面积小于等于50m^2，且经常停留人数不超过15人时，可设置1个疏散门；

4 歌舞娱乐放映游艺场所的安全出口不应少于2个，其中每个厅室或房间的疏散门不应少于2个。当其建筑面积小于等于50m^2且经常停留人数不超过15人时，可设置1个疏散门；

5 地下商店和设置歌舞娱乐放映游艺场所的地下建筑（室），当地下层数为3层及3层以上或地下室内地面与室外出入口地坪高差大于10m时，应设置防烟楼梯间；其他地下商店和设置歌舞娱乐放映游艺场所的地下建筑，应设置封闭楼梯间；

6 地下、半地下建筑的疏散楼梯间应符合本规范第7.4.4条的规定。

5.3.13 民用建筑的安全疏散距离应符合下列规定：

1 直接通向疏散走道的房间疏散门至最近安全出口的距离应符合表5.3.13的规定；

2 直接通向疏散走道的房间疏散门至最近非封闭楼梯间的距离，当房间位于两个楼梯间之间时，应按表5.3.13的规定减少5m；当房间位于袋形走道两侧或尽端时，应按表 5.3.13 的规定减少 2m；

3 楼梯间的首层应设置直通室外的安全出口或在首层采用扩大封闭楼梯间。当层数不超过 4 层时，可将直通室外的安全出口设置在离楼梯间小于等于 15m 处；

4 房间内任一点到该房间直接通向疏散走道的疏散门的距离，不应大于表 5.3.13 中规定的袋形走道两侧或尽端的疏散门至安全出口的最大距离。

直接通向疏散走道的房间疏散门至最近安全出口的最大距离（m）　表 5.3.13

名　称	位于两个安全出口之间的疏散门			位于袋形走道两侧或尽端的疏散门		
	耐火等级			耐火等级		
	一、二级	三级	四级	一、二级	三级	四级
托儿所、幼儿园	25	20	—	20	15	—
医院、疗养院	35	30	—	20	15	—
学校	35	30	—	22	20	—
其他民用建筑	40	35	25	22	20	15

注：① 一、二级耐火等级的建筑物内的观众厅、展览厅、多功能厅、餐厅、营业厅和阅览室等，其室内任何一点至最近安全出口的直线距离不宜大于 30m。

② 敞开式外廊建筑的房间疏散门至安全出口的最大距离可按本表增加 5m；

③ 建筑物内全部设置自动喷水灭火系统时，其安全疏散距离可按本表和本表注①的规定增加 25%。

④ 房间内任一点到该房间直接通向疏散走道的疏散门的距离计算：住宅应为最远房间内任一点到户门的距离，跃层式住宅内的户内楼梯的距离可按其梯段总长度的水平投影尺寸计算。

5.3.14 除本规范另有规定者外，建筑中的疏散走道、安全出口、疏散楼梯以及房间疏散门的各自总宽度应经计算确定。

安全出口、房间疏散门的净宽度不应小于0.9m，疏散走道和疏散楼梯的净宽度不应小于1.1m；不超过6层的单元式住宅，当疏散楼梯的一边设置栏杆时，最小净宽度不宜小于1m。

《高层民用建筑设计防火规范》GB 50045—95（2005年版）

6.1.1 高层建筑每个防火分区的安全出口不应少于2个。但符合下列条件之一时，可设1个安全出口：

6.1.1.1 十八层及十八层以下，每层不超过8户、建筑面积不超过650m^2，且设有1座防烟楼梯间和消防电梯的塔式住宅。

6.1.1.2 十八层及十八层以下每个单元设有1座通向屋顶的疏散楼梯，单元之间的楼梯通过屋顶连通，单元与单元之间设有防火墙，户门为甲级防火门，窗间墙宽度、窗槛墙高度大于1.2m且为不燃烧体墙的单元式住宅。

通过十八层，每个单元设有一座通向屋顶的疏散楼梯，十八层以上部分每层相邻单元楼梯通过阳台或凹廊连通（屋顶可以不连通），十八层及十八层以下部分单元与单元之间设有防火墙，且户门为甲级防火门，窗间墙宽度、窗槛墙高度大于1.2m且为不燃烧体墙的单元式住宅。

6.1.1.3 除地下室外，相邻两个防火分区之间的防火墙上有防火门连通时，且相邻两个防火分区的建筑面积之和不超过本规范表6.1.1规定的公共建筑。

两个防火分区之和最大允许建筑面积　表 6.1.1

建筑类别	两个防火分区建筑面积之和（m^2）
一类建筑	1400
二类建筑	2100

注：上述相邻两个防火分区设有自动喷水灭火系统时，其相邻两个防火分区的建筑面积之和仍应符合本表的规定。

6.1.12　高层建筑地下室、半地下室的安全疏散应符合下列规定：

6.1.12.1　每个防火分区的安全出口不应少于 2 个。当有两个或两个以上防火分区，且相邻防火分区之间的防火墙上设有防火门时，每个防火分区可分别设 1 个直通室外的安全出口。

4　安全出口应分散布置，两个安全出口之间的距离不应小于 5m。

相关规范要求如下：

《高层民用建筑设计防火规范》GB 50045—95（2005 年版）

6.1.5　高层建筑的安全出口应分散布置，两个安全出口之间的距离不应小于 5.00m。安全疏散距离应符合表 6.1.5 的规定。

安全疏散距离　表 6.1.5

高层建筑		房间门或住宅门至最近的外部出口或楼梯间的最大距离（m）	
		位于两个安全出口之间的房间	位于袋形走道两侧或尽端的房间
医院	病房部分	24	12
	其他部分	30	15
旅馆、展览楼、教学楼		30	15
其　他		40	20

5 楼梯间及前室的门应向疏散方向开启；安装有门禁系统的住宅，应保证住宅直通室外的门在任何时候能从内部徒手开启。

相关规范要求如下：

《高层民用建筑设计防火规范》GB 50045—95（2005 年版）

6.1.16 高层建筑的公共疏散门均应向疏散方向开启，且不应采用侧拉门、吊门和转门。人员密集场所防止外部人员随意进入的疏散用门，应设置火灾时不需使用钥匙等任何器具即能迅速开启的装置，并应在明显位置设置使用提示。

6.2.1 一类建筑和除单元式和通廊式住宅外的建筑高度超过 32m 的二类建筑以及塔式住宅，均应设防烟楼梯间。防烟楼梯间的设置应符合下列规定：

6.2.1.3 前室和楼梯间的门均应为乙级防火门，并应向疏散方向开启。

9.5.2 每层有 2 个及 2 个以上安全出口的住宅单元，套房户门至最近安全出口的距离应根据建筑的耐火等级、楼梯间的形式和疏散方式确定。

相关规范要求如下：

《高层民用建筑设计防火规范》GB 50045—95（2005 年版）

6.1.5 高层建筑的安全出口应分散布置，两个安全出口之间的距离不应小于 5.00m。安全疏散距离应符合表 6.1.5 的规定。

安全疏散距离　　表 6.1.5

高层建筑		房间门或住宅门至最近的外部出口或楼梯间的最大距离（m）	
		位于两个安全出口之间的房间	位于袋形走道两侧或尽端的房间
医院	病房部分	24	12
	其他部分	30	15
旅馆、展览楼、教学楼		30	15
其　他		40	20

6.1.6 跃廊式住宅的安全疏散距离，应从户门算起，小楼梯的一段距离按其1.50倍水平投影计算。

9.5.3 住宅建筑的楼梯间形式应根据建筑形式、建筑层数、建筑面积以及套房户门的耐火等级等因素确定。在楼梯间的首层应设置直接对外的出口，或将对外出口设置在距离楼梯间不超过15m处。

相关规范要求如下：

《高层民用建筑设计防火规范》GB 50045—95（2005年版）

6.2.3 单元式住宅每个单元的疏散楼梯均应通至屋顶，其疏散楼梯间的设置应符合下列规定：

6.2.3.1 十一层及十一层以下的单元式住宅可不设封闭楼梯间，但开向楼梯间的户门应为乙级防火门，且楼梯间应靠外墙，并应直接天然采光和自然通风。

6.2.3.2 十二层及十八层的单元式住宅应设封闭楼梯间。

6.2.3.3 十九层及十九层以上的单元式住宅应设防烟楼梯间。

6.2.4 十一层及十一层以下的通廊式住宅应设封闭楼梯间；超过十一层的通廊式住宅应设防烟楼梯间。

6.2.6 除通向避难层错位的楼梯外，疏散楼梯间在各层的位置不应改变，首层应有直通室外的出口。

疏散楼梯和走道上的阶梯不应采用螺旋楼梯和扇形踏步，但踏步上下两级所形成的平面角不超过10°，且每级离扶手0.25m处的踏步宽度超过0.22m时，可不受此限。

6.2.8 地下室、半地下室的楼梯间，在首层

9.5.4 住宅建筑楼梯间顶棚、墙面和地面均应采用不燃性材料。

应采用耐火极限不低于2.00h的隔墙与其他部位隔开并应直通室外，当必须在隔墙上开门时，应采用乙级防火门。

地下室或半地下室与地上层不应共用楼梯间，当必须共用楼梯间时，应在首层与地下或半地下层的出入口处，设置耐火极限不低于2.00h的隔墙和乙级防火门隔开，并应有明显标志。

6.2.9 每层疏散楼梯总宽度应按其通过人数每100人不小于1.00m计算，各层人数不相等时，其总宽度可分段计算，下层疏散楼梯总宽度应按其上层人数最多的一层计算。疏散楼梯的最小净宽度不应小于表6.2.9的规定。

疏散楼梯的最小净宽度　　表6.2.9

高层建筑	疏散楼梯的最小净宽度（m）
居住建筑	1.10

相关规范要求如下：

《高层民用建筑设计防火规范》GB 50045—95（2005年版）

6.2.10 室外楼梯可作为辅助的防烟楼梯，其最小净宽不应小于0.90m。当倾斜角度不大于45°，栏杆扶手的高度不小于1.10m时，室外楼梯宽度可计入疏散楼梯总宽度内。

室外楼梯和每层出口处平台，应采用不燃材料制作。平台的耐火极限不应低于1.00h。在楼梯周围2.00m内的墙面上，除设疏散门外，不应开设其他门、窗、洞口。疏散门应采用乙级防火门且不应正对梯段。

9.6 消防给水与灭火设施

9.6.1 8层及8层以上的住宅建筑应设置室内消防给水设施。

相关规范要求如下：

《建筑设计防火规范》GB 50016—2006

8.1.1 消防给水和灭火设施的设计应根据建筑用途及其重要性、火灾特性和火灾危险性等综合因素进行。

8.1.2 在城市、居住区、工厂、仓库等的规划和建筑设计时，必须同时设计消防给水系统。城市、居住区应设市政消火栓。民用建筑、厂房（仓库）、储罐（区）、堆场应设室外消火栓。民用建筑、厂房（仓库）应设室内消火栓，并应符合本规范第8.3.1条的规定。

消防用水可由城市给水管网、天然水源或消防水池供给。利用天然水源时，其保证率不应小于97%，且应设置可靠的取水设施。

耐火等级不低于二级，且建筑物体积小于等于3000m^{3}的戊类厂房或居住区人数不超过500人且建筑物层数不超过两层的居住区，可不设置消防给水。

8.1.6 除住宅外的民用建筑、厂房（仓库）、储罐（区）、堆场应设置灭火器；住宅宜设置灭火器或轻便消防水龙。灭火器的配置设计应符合现行国家标准《建筑灭火器配置设计规范》GB 50140的有关规定。

9.6.2 35层及35层以上的住宅建筑应设置自动喷水灭火系统。

相关规范要求如下：

《高层民用建筑设计防火规范》GB 50045—95（2005年版）

7.6.1 建筑高度超过100m的高层建筑及其裙房，除游泳池、溜冰场、建筑面积小于$5.00m^2$的卫生间、不设集中空调且户门为甲级防火门的住宅的户内用房和不宜用水扑救的部位外，均应设自动喷水灭火系统。

7.6.2 建筑高度不超过100m的一类高层建筑及其裙房，除游泳池、溜冰场、建筑面积小于$5.00m^2$的卫生间、普通住宅、设集中空调的住宅的户内用房和不宜用水扑救的部位外，均应设自动喷水灭火系统。

《自动喷水灭火系统设计规范》GB 50084—2001（2005年版）

4.1.1 自动喷水灭火系统应在人员密集、不易疏散、外部增援灭火与救生较困难的性质重要或火灾危险性较大的场所中设置。

9.7 消防电气

9.7.1 10层及10层以上住宅建筑的消防供电不应低于二级负荷要求。

相关规范要求如下：

《高层民用建筑设计防火规范》GB 50045—95（2005年版）

9.1.1 高层建筑的消防控制室、消防水泵、消防电梯、防烟排烟设施、火灾自动报警、漏电火灾报警系统、自动灭火系统、应急照明、疏散指示标志和电动的防火门、窗、卷帘、阀门等消防用电，应按现行的国家标准《供配电系统设计规范》GB 50052 的规定进行设计，一类高层建筑应按一级负荷要求供电，二类高层建筑应按二级负荷要求供电。

《民用建筑电气设计规范》JGJ 16—2008

3.2.2 民用建筑中各类建筑物的主要用电负荷的分级，应符合本规范附录 A 的规定。

民用建筑中各类建筑物的主要用电负荷分级 表 A

序号	建筑物名称	用电负荷名称	负荷级别
24	一类高层建筑	走道照明、值班照明、警卫照明、障碍照明用电，主要业务和计算机系统用电，安防系统用电，电子信息设备机房用电，客梯用电，排污泵、生活水泵用电	一级
25	二类高层建筑	主要通道及楼梯间照明，客梯用电，排污泵、生活水泵用电	二级

9.7.2 35 层及 35 层以上的住宅建筑应设置火灾自动报警系统。

相关规范要求如下：

《高层民用建筑设计防火规范》GB 50045—95（2005 年版）

9.4.1 建筑高度超过 100m 的高层建筑，除游泳池、溜冰场、卫生间外，均应设火灾自动报警系统。

《火灾自动报警系统设计规范》GB 50116—98

5.2 系统形式的选择和设计要求

5.2.1 火灾自动报警系统形式的选择应符合下列规定：

5.2.1.1 区域报警系统，宜用于二级保护对象；

5.2.1.2 集中报警系统，宜用于一级和二级保护对象；

5.2.1.3 控制中心报警系统，宜用于特级和一级保护对象。

《民用建筑电气设计规范》JGJ 16—2008

13.1.3 下列民用建筑应设置火灾自动报警系统：

1 高层建筑：

1） 有消防联动控制要求的一、二类高层住宅的公共场所；

2） 建筑高度超过24m的其他高层民用建筑，以及与其相连的建筑高度不超过24m的裙房。

2 多层及单层建筑：

1） 9层及9层以下的设有空气调节系统，建筑装修标准高的住宅。

9.7.3 10层及10层以上住宅建筑的楼梯间、电梯间及其前室应设置应急照明。

相关规范要求如下：

《高层民用建筑设计防火规范》GB 50045—95（2005年版）

9.2.1 高层建筑的下列部位应设置应急照明：

9.2.1.1 楼梯间、防烟楼梯间前室、消防电梯间及其前室、合用前室和避难层（间）。

9.2.4 疏散应急照明灯宜设在墙面上或顶棚上。安全出口标志宜设在出口的顶部；疏散走道的指示标志宜设在疏散走道及其转角处距地面1.00m以下的墙面上。走道疏散标志灯的间距不应大于20m。

9.8 消防救援

9.8.1 10层及10层以上的住宅建筑应设置环形消防车道，或至少沿建筑的一个长边设置消防车道。

相关规范要求如下：

《建筑设计防火规范》GB 50016—2006

6.0.1 街区内的道路应考虑消防车的通行，其道路中心线间的距离不宜大于160m。当建筑物沿街道部分的长度大于150m或总长度大于220m时，应设置穿过建筑物的消防车道。当确有困难时，应设置环形消防车道。

6.0.2 有封闭内院或天井的建筑物，当其短边长度大于24m时，宜设置进入内院或天井的消防车道。

6.0.10 环形消防车道至少应有两处与其他车道连通。尽头式消防车道应设置回车道或回车场，回车场的面积不应小于12m×12m；供大型消防车使用时，不宜小于18m×18m。

消防车道路面、扑救作业场地及其下面的管道和暗沟等应能承受大型消防车的压力。

消防车道可利用交通道路，但应满足消防车通行与停靠的要求。

6.0.11 消防车道不宜与铁路正线平交。如必须平交，应设置备用车道，且两车道之间的间距不应小于一列火车的长度。

《高层民用建筑设计防火规范》GB 50045—95（2005年版）

4.3.1 高层建筑的周围，应设环形消防车道。当设环形车道有困难时，可沿高层建筑的两个长边设置消防车道。当建筑的沿街长度超过

150m或总长度超过220m时，应在适中位置设置穿过建筑的消防车道。

有封闭内院或天井的高层建筑沿街时，应设置连通街道和内院的人行通道（可利用楼梯间），其距离不宜超过80m。

9.8.2 供消防车取水的天然水源和消防水池应设置消防车道，并满足消防车的取水要求。

相关规范要求如下：

《建筑设计防火规范》GB 50016—2006

6.0.8 供消防车取水的天然水源和消防水池应设置消防车道。

8.1.2 在城市、居住区、工厂、仓库等的规划和建筑设计时，必须同时设计消防给水系统。城市、居住区应设市政消火栓。民用建筑、厂房（仓库）、储罐（区）、堆场应设室外消火栓。民用建筑、厂房（仓库）应设室内消火栓，并应符合本规范第8.3.1条的规定。

消防用水可由城市给水管网、天然水源或消防水池供给。利用天然水源时，其保证率不应小于97%，且应设置可靠的取水设施。

耐火等级不低于二级，且建筑物体积小于等于3000m^{3}的戊类厂房或居住区人数不超过500人且建筑物层数不超过两层的居住区，可不设置消防给水。

《高层民用建筑设计防火规范》GB 50045—95（2005年版）

4.3.3 供消防车取水的天然水源和消防水池，应设消防车道。

4.3.4 消防车道的宽度不应小于4.00m。消防车道距高层建筑外墙宜大于5.00m，消防车道上空4.00m以下范围内不应有障碍物。

9.8.3 12层及12层以上的住宅应设置消防电梯。

相关规范要求如下：

《高层民用建筑设计防火规范》GB 50045—95（2005年版）

6.3.1 下列高层建筑应设消防电梯：

6.3.1.1 一类公共建筑。

6.3.1.2 塔式住宅。

6.3.1.3 十二层及十二层以上的单元式住宅和通廊式住宅。

6.3.1.4 高度超过32m的其他二类公共建筑。

10 节 能

10.1 一般规定

10.1.1 住宅应通过合理选择建筑的体形、朝向和窗墙面积比，增强围护结构的保温、隔热性能，使用能效比高的采暖和空气调节设备和系统，采取室温调控和热量计量措施来降低采暖、空气调节能耗。

涉及居住建筑节能的国家和行业标准内容较多，许多地方也出台了相关的标准，各有针对性。本书不一一列示，请读者结合本地要求，遵照诸如《严寒和寒冷地区居住建筑节能设计标准》(JGJ 26—2010)、《夏热冬暖地区居住建筑节能设计标准》(JGJ 75—2003)、《夏热冬冷地区居住建筑节能设计标准》(JGJ 134—2010)、《既有采暖居住建筑节能改造技术规程》(JGJ 129—2000)、《居住建筑节能检测标准》(JGJ/T 132—2009)。

10.1.2 节能设计应采用规定性指标，或采用直接计算采暖、空气调节能耗的性能化方法。

10.1.3 住宅围护结构的构造应防止围护结构内部保温材料受潮。

相关规范要求如下：

《民用建筑热工设计规范》GB 50176—93

第 3.4.12 条 间歇使用的空调建筑，其外围护结构内侧和内围护结构宜采用轻质材料。连续使用的空调建筑，其外围护结构内侧和内围护结构宜采用重质材料。围护结构的构造设计应考虑防潮要求。

第 6.2.1 条 采用多层围护结构时，应将蒸汽渗透阻较大的密实材料布置在内侧，而将蒸汽渗透阻较小的材料布置在外侧。

第 6.2.2 条 外侧有密实保护层或防水层的多层围护结构，经内部冷凝受潮验算而必须设置隔汽层时，应严格控制保温层的施工湿度，或采用预制板状或块状保温材料，避免湿法施工和雨天施工，并保证隔汽层的施工质量。对于卷材防水屋面，应有与室外空气相通的排湿措施。

第 6.2.3 条 外侧有卷材或其他密闭防水层，内侧为钢筋混凝土屋面板的平屋顶结构，如经内部冷凝受潮验算不需设隔汽层，则应确保屋面板及其接缝的密实性，达到所需的蒸汽渗透阻。

《民用建筑热工设计规程》JGJ 24—86

第一节 第 6.1.1 条、第 6.1.2 条；第二节第 6.2.1 条、第 6.2.2 条同《民用建筑热工设计规范》GB 50176—93 相应条目。

第 6.2.3 条 具有正常湿度房间中的单层墙体（包括外表面有薄的抹灰层），保温层外侧无密实保护层的多层墙体，以及外侧有通风间层的墙体和屋顶结构，内测一般可不设置隔汽层。

第6.2.4条 潮湿房间围护结构外侧，必要时应设置有利于排除湿气的通风间层。

10.1.4 住宅公共部位的照明应采用高效光源、高效灯具和节能控制措施。

相关规范要求如下：

《住宅设计规范》GB 50096—1999（2003年版）

6.5.3 住宅的公共部位应设人工照明，除高层住宅的电梯厅和应急照明外，均应采用节能自熄开关。

《民用建筑电气设计规范》JGJ 16—2008

9.1.2 常用设备电气装置的配电设计应采用效率高、能耗低、性能先进的电气产品。

10.1.2 在确定照明方案时，应考虑不同类型建筑对照明的特殊要求，并处理好电气照明与天然采光的关系，采用高光效光源、灯具与追求照明效果的关系，合理使用建设资金与采用高性能标准光源、灯具等技术经济效益的关系。

10.1.3 在进行电气照明设计时，除应符合本规范外，尚应符合现行国家标准《建筑照明设计标准》GB 50034的规定。

10.8.1 住宅（公寓）电气照明设计应符合下列规定：

1 住宅（公寓）照明宜选用细管径直管荧光灯或紧凑型荧光灯。当因装饰需要选用白炽灯时，宜选用双螺旋白炽灯。

2 灯具的选择应根据具体房间的功能而定，宜采用直接照明和开启式灯具，并宜选用节能型灯具。

3 起居室的照明宜满足多功能使用要求，除应设置一般照明外，还宜设置装饰台灯、落地灯等。高级公寓的起居厅照明宜采用可调光方式。

4 住宅（公寓）的公共走道、走廊、楼梯间应设人工照明，除高层住宅（公寓）的电梯厅和火灾应急照明外，均应安装节能型自熄开关或设带指示灯（或自发光装置）的双控延时开关。

5 卫生间、浴室等潮湿且易污场所，宜采用防潮易清洁的灯具。

6 卫生间的灯具位置应避免安装在便器或浴缸的上面及其背后。开关宜设于卫生间门外。

7 高级住宅（公寓）的客厅、通道和卫生间，宜采用带指示灯的跷板式开关。

8 每户住宅（公寓）电源插座的数量不应少于表10.8.1的规定。

每户电源插座的设置数量　　表10.8.1

部位 插座类型	起居室（厅）	卧室	厨房	卫生间	洗衣机、冰箱、排风机、空调器等安装位置
二、三孔双联插座（组）	3	2	2	—	—
防溅水型二、三孔双联插座（组）	—	—	—	1	—
三孔插座（个）	—	—	—	—	各1

9 住宅内电热水器、柜式空调宜选用三孔15A插座；空调、排油烟机宜选用三孔10A插座；其他宜选用二、三孔10A插座；洗衣机插座、空调及电热

水器插座宜选用带开关控制的插座；厨房、卫生间应选用防溅水型插座。

10 每户应配置一块电能表、一个配电箱（分户箱）。每户电能表宜集中安装于电表箱内（预付费、远传计量的电能表可除外），电能表出线端应装设保护电器。电能表的安装位置应符合当地供电部门的要求。

11 住宅配电箱（分户箱）的进线端应设短路、过负荷和过、欠电压保护电器。分户箱宜设在住户走廊或门厅内便于检修、维护的地方。

12 住宅分户箱内应配置有过电流保护的照明供电回路、一般电源插座回路、空调插座回路、电炊具及电热水器等专用电源插座回路。厨房电源插座和卫生间电源插座不宜同一回路。除壁挂式空调器的电源插座回路外，其他电源插座回路均应设置剩余电流动作保护器。

13 电源插座底边距地低于 1.8m 时，应选用安全型插座。

10.6.1 根据视觉工作要求，应采用高光效光源、高效灯具和节能器材，并应考虑最初投资与长期运行的综合经济效益。

10.6.2 一般工作场所宜采用细管径直管荧光灯和紧凑型荧光灯。高大房间和室外场所的一般照明宜采用金属卤化物灯、高压钠灯等高光强气体放电光源。

10.6.3 室内外照明不宜采用普通白炽灯。当有特殊需要时，宜选用双螺旋白炽灯或带有热反射罩的小功率高效卤钨灯。

10.6.4 除有装饰需要外，应选用直射光通比例高、控光性能合理的高效灯具。室内用灯具效率不宜低于 70%，装有遮光隔栅时不低于 60%，室外用灯具效率不宜低于 50%。

10.6.5 灯具的结构和材质应便于维护清洁和更换光源。

10.6.6 应采用功率损耗低、性能稳定的灯用附件。直管形荧光灯应采用节省能型镇流器，当使用电感式镇流器时，其能耗应符合现行国家超标准《管形荧光灯镇流器能效限定值和节能评价值》GB 17896 的规定。

10.6.7 照明与室内装修设计应有机结合。在确保照明质量的前提下，应有效控制照明功率密度值。

10.6.9 在有集中空调而且照明容量大的场所，宜采用照明灯具与空调回风口结合的形式。

10.6.10 正确选择照明方案，并应优先采用分区一般照明方式。

10.6.11 室内表面采用高反射率的饰面材料。

10.6.12 对于采用节能型电感镇流器的气体放电光源，宜采取分散方式进行无功功率补偿。

10.6.13 应根据环境条件、使用特点合理选择照明控制方式，并应符合下列规定：

1 应充分利用天然光，并应根据天燃光的照度变化控制电气照明的分区。

2 根据照明使用特点，应采取分区控制灯光或适当增加照明开关点。

3 公共场所照明、室外照明宜采用集中遥控节能管理方式或采用自动光控装置。

10.6.14 应采用定时开关、调光开关、光电自动控制器等节电开关和照明智能控制系统等管理措施。

10.6.15 低压照明配电系统设计应便于按经济核算单位装表计量。

10.1.5 住宅内使用的电梯、水泵、风机等设备应采取节电措施。

相关规范要求如下：

《民用建筑电气设计规范》JGJ 16—2008

9.4.7 电梯的控制方式应根据电梯的类别、使用场所条件及配置电梯数量等因素综合比较确定。

10.1.6 住宅的设计与建造应与地区气候相适应，充分利用自然通风和太阳能等可再生能源。

相关规范要求如下：

《民用建筑热工设计规范》GB 50176—93

第3.1.1条 建筑热工设计应与地区气候相适应。建筑热工设计分区及设计要求应符合表3.1.1的规定。全国建筑热工设计分区应按本规范附图8.1采用。

建筑热工设计分区及设计要求　　表3.1.1

分区名称	分区指标		设计要求
	主要指标	辅助指标	
严寒地区	最冷月平均温度≤-10℃	日平均温度≤5℃的天数≥145d	必须充分满足冬季保温要求，一般可不考虑夏季防热
寒冷地区	最冷月平均温度0℃~-10℃	日平均温度≤5℃的天数90~154d	应满足冬季保温要求，部分地区兼顾夏季防热
夏热冬冷地区	最冷月平均温度0℃~10℃，最热月平均温度25℃~30℃	日平均温度≤5℃的天数0~90d，日平均温度≥25℃的天数40~110d	必须满足夏季防热要求，适当兼顾冬季保温
夏热冬暖地区	最冷月平均温度>10℃，最热月平均温度25℃~29℃	日平均温度≥25℃的天数100~200d	必须充分满足夏季防热要求，一般可不考虑冬季保温
温和地区	最冷月平均温度0℃~13℃，最热月平均温度18℃~25℃	日平均温度≤5℃的天数0~90d	部分地区应考虑冬季保温，一般可不考虑夏季防热

第 3. 2. 1 条 建筑物宜设在避风和向阳的地段。

第 3. 2. 2 条 建筑物的体形设计宜减少外表面积，其平、立面的凹凸面不宜过多。

第 3. 2. 3 条 居住建筑，在严寒地区不应设开敞式楼梯间和开敞式外廊；在寒冷地区不宜设开敞式楼梯间和开敞式外廊。公共建筑，在严寒地区出入口处应设门斗或热风幕等避风设施；在寒冷地区出入口处宜设门斗或热风幕等避风设施。

第 3. 2. 4 条 建筑物外部窗户面积不宜过大，应减少窗户缝隙长度，并采取密闭措施。

第 3. 2. 8 条 严寒地区居住建筑的底层地面，在其周边一定范围内应采取保温措施。

第 3. 3. 1 条 建筑物的夏季防热应采取自然通风、窗户遮阳、围护结构隔热和环境绿化等综合性措施。

第 3. 3. 2 条 建筑物的总体布置，单体的平、剖面设计和门窗的设置，应有利于自然通风，并尽量避免主要房间受东、西向的日晒。

第 3. 3. 3 条 建筑物的向阳面，特别是东、西向窗户，应采取有效的遮阳措施。在建筑设计中，宜结合外廊、阳台、挑檐等处理方法达到遮阳目的。

第 3. 3. 4 条 屋顶和东、西向外墙的内表面温度，应满足隔热设计标准的要求。

第 3. 3. 5 条 为防止潮霉季节湿空气在地面冷凝泛潮，居室、托幼园所等场所的地面下部宜采取保温措施或架空做法，地面面层宜采用微孔吸湿材料。

第 3. 4. 1 条 空调建筑或空调房间应尽量避免东、西朝向和东、西向窗户。

第 3. 4. 2 条 空调房间应集中布置、上下对齐。温湿度要求相近的空调房间宜相邻布置。

第3.4.3条 空调房间应避免布置在有两面相邻外墙的转角处和有伸缩缝处。

第3.4.4条 空调房间应避免布置在顶层；当必须布置在顶层时，屋顶应有良好的隔热措施。

第3.4.5条 在满足使用要求的前提下，空调房间的净高宜降低。

第3.4.6条 空调建筑的外表面积宜减少，外表面宜采用浅色饰面。

第3.4.7条 建筑物外部窗户当采用单层窗时，窗墙面积比不宜超过0.30；当采用双层窗或单框双层玻璃窗时，窗墙面积比不宜超过0.40。

第3.4.8条 向阳面，特别是东、西向窗户，应采取热反射玻璃、反射阳光涂膜、各种固定式和活动式遮阳等有效的遮阳措施。

《民用建筑热工设计规程》JGJ 24—86

第3.1.2条 严寒地区的建筑应充分满足冬季保温设计要求，加强建筑物的防寒措施，本区不须考虑夏季防热设计要求。

第3.1.3条 寒冷地区的建筑应以满足冬季保温设计要求为主，适当兼顾夏季防热。

第3.1.4条 温暖地区的建筑应兼顾冬季保温和夏季防热，结合本地区传统做法作适当处理。

注：当本区中的建筑物需要设置集中采暖时，应对该建筑物进行冬季保温设计。

第3.1.5条 炎热地区的建筑应以满足夏季防热设计要求为主，适当兼顾冬季保温。

注：(1) 炎热地区中，日平均温度高于或等于+30℃，累年平均超过15天的城市，如南京、合肥、芜湖、九江、南昌、武汉、宜昌、长沙、赣州、衡阳、株洲、重庆等，建筑设计上应加强夏季防热措施。

（2）新疆的吐鲁番盆地，夏季极端炎热，空气干燥，但冬季寒冷，气温日较差和年较差均大于其他地区，建筑设计上宜加强围护结构热稳定性。

第二节、第三节、第四节同《民用建筑热工设计规范》GB 50176—93 相应条目。

《夏热冬冷地区居住建筑节能设计标准》JGJ 134—2010

6.0.9 当技术经济合理时，应鼓励居住建筑中采用太阳能、地热能等可再生能源，以及在居住建筑小区采用热、电、冷联产技术。

10.2 规定性指标

10.2.1 住宅节能设计的规定性指标主要包括：建筑物体形系数、窗墙面积比、各部分围护结构的传热系数、外窗遮阳系数等。各建筑热工设计分区的具体规定性指标应根据节能目标分别确定。

各规定性节能指标请详细参阅《严寒和寒冷地区居住建筑节能设计标准》（JGJ 26—2010）、《夏热冬暖地区居住建筑节能设计标准》（JGJ 75—2003）、《夏热冬冷地区居住建筑节能设计标准》（JGJ 134—2010）、《既有采暖居住建筑节能改造技术规程》（JGJ 129—2000）、《居住建筑节能检测标准》（JGJ/T 132—2009）等国家和行业标准，同时请注意结合当地的具体规定。

10.2.2 当采用冷水机组和单元式空气调节机作为集中式空气调节系统的冷源设备时，其性能系数、能效比不应低于表 10.2.2-1 和表 10.2.2-2 的规定值。

《公共建筑节能设计标准》GB 50189—2005

5.4.5 电机驱动压缩机的蒸气压缩循环冷水（热泵）机组，在额定制冷工况和规定条件下，性能系数（COP）不应低于表 5.4.5 的规定。

冷水（热泵）机组制冷性能系数　　表 10.2.2-1

类型		额定制冷量（kW）	性能系数（W/W）
水冷	活塞式/涡旋式	<528	3.80
		528~1163	4.00
		>1163	4.20
	螺杆式	<528	4.10
		528~1163	4.30
		>1163	4.60
	离心式	<528	4.40
		528~1163	4.70
		>1163	5.10
风冷或蒸发冷却	活塞式/涡旋式	≤50	2.40
		>50	2.60
	螺杆式	≤50	2.60
		>50	2.80

单元式空气调节机能效比　　表 10.2.2-2

类型		能效比（W/W）
风冷式	不接风管	2.60
	接风管	2.30
水冷式	不接风管	3.00
	接风管	2.70

冷水（热泵）机组制冷性能系数 表 5.4.5

类型		额定制冷量（kW）	性能系数（W/W）
水冷	活塞式/涡旋式	<528	3.8
		528～1163	4.0
		>1163	4.2
	螺杆式	<528	4.10
		528～1163	4.30
		>1163	4.60
	离心式	<528	4.40
		528～1163	4.70
		>1163	5.10
风冷或蒸发冷却	活塞式/涡旋式	≤50	2.40
		>50	2.60
	螺杆式	≤50	2.60
		>50	2.80

5.4.8 名义制冷量大于 7100W，采用电机驱动压缩机的单元式空气调节机、风管送风式和屋顶式空气调节机组时，在名义制冷工况和规定条件下，其能效比（*EER*）不应低于 5.4.8 的规定。

单元式机组能效比 表 5.4.8

类型		能效比（W/W）
风冷式	不接风管	2.60
	接风管	2.30
水冷式	不接风管	3.00
	接风管	2.70

对照“能效限定值及能源效率等级”标准，冷水（热泵）机组取用标准 GB 19577—2004“表 2 能

源效率等级指标”中的规定值：活塞/涡旋式采用第5级，水冷离心式采用第3级，螺杆机则采用第4级；单元式空气调节机取用标准GB 19576—2004“表2 能源效率等级指标”中的第4级。

《单元式空气调节机能源效率限定值及能效等级》GB 19576—2004

能源效率等级指标 表2

类型		能效比（*EER*，W/W）				
		1	2	3	4	5
风冷式	不接风管	3.2	3.0	2.8	2.6	2.4
	接风管	2.9	2.7	2.5	2.3	2.1
水冷式	不接风管	3.6	3.4	3.2	3.0	2.8
	接风管	3.3	3.1	2.9	2.7	2.5

《中央空调冷水机组能效标准》GB 19577—2004

能源效率等级指标 表2

类型	额定制冷量（*CC*）KW	能效等级（*COP*）/（W/W）				
		1	2	3	4	5
水冷式冷水机组	$CC \leqslant 528$	5.0	4.7	4.4	4.1	3.8
	$528 < CC \leqslant 1163$	5.5	5.1	4.7	4.3	4.0
	$1163 < CC$	6.1	5.6	5.1	4.6	4.2

10.3 性能化设计

10.3.1 性能化设计应以采暖、空调能耗指标作为节能控制目标。

条件说明（节录）：所谓性能化方法，就是直接对住宅在某种标准条件下的理论上的采暖、空调能耗规定一个限值，作为节能控制目标。

10.3.2 各建筑热工设计分区的控制目标限值应根据节能目标分别确定。

条文说明：为了维持住宅室内一定的热舒适条件，建筑物的采暖、空调能耗与建筑所处的气候区密切相关，因此具体的采暖、空调能耗限值也应该根据不同的建筑热工设计分区和最终希望达到的节能程度确定。各地的建筑节能设计标准都应依据此原则给出具体的采暖、空调能耗限值。

10.3.3 性能化设计的控制目标和计算方法应符合下列规定：

1 严寒、寒冷地区的住宅应以建筑物耗热量指标为控制目标；

建筑物耗热量指标的计算应包含围护结构的传热耗热量、空气渗透耗热量和建筑物内部得热量三个部分，计算所得的建筑物耗热量指标不应超过表10.3.3－1的规定。

条文说明：住宅节能设计的性能化方法是对住宅在某种标准条件的理论上的采暖、空调能耗规定一个限值，所设计的住宅计算得到的采暖、空调能耗不得突破这个限值。采暖、空调能耗与建筑所处的气候密切相关，因此具体的限值应根据具体的气候条件确定。

目前，住宅节能设计的性能化方法的应用主要考试三种不同的气候条件：第一种是北方严寒和寒冷地区的气候条件，在这种条件下只需要考虑采暖能耗；第二种是中部夏热冬冷地区的气候条件，在这种条件下不仅要考虑采暖能耗，而且也要考虑空调能耗；第三种是南方夏热冬暖地区的气候条件，在这种条件下主要考虑空调能耗。

性能化方法规定的采暖、空调能耗限值，是按某种标准条件的理论计算值。为了保证性能化方法的公正性和唯一性，应详细地规定标准计算条件。本条分别对在三种不同的气候条件下，计算采暖、空调能耗做了具体规定，并给出了采暖、空调能耗限值。这些规定和限值是进行住宅节能性能设计的必须遵守的。

建筑物耗热量指标（W/m²）　　表 10.3.3－1

地名	耗热量指标	地名	耗热量指标	地名	耗热量指标	地名	耗热量指标	地名	耗热量指标
北京市	14.6	博克图	22.2	齐齐哈尔	21.9	新乡	20.1	西宁	20.9
天津市	14.5	二连浩特	21.9	富锦	22.0	洛阳	20.0	玛多	21.5
河北省		多伦	21.8	牡丹江	21.8	商丘	20.1	大柴旦	21.4
石家庄	20.3	白云鄂博	21.6	呼玛	22.7	开封	20.1	共和	21.1
张家口	21.1	辽宁省		佳木斯	21.9	四川省		格尔木	21.1
秦皇岛	20.8	沈阳	21.2	安达	22.0	阿坝	20.8	玉树	20.8
保定	20.5	丹东	20.9	伊春	22.4	甘孜	20.5	宁夏	
邯郸	20.3	大连	20.6	克山	22.3	康定	20.3	银川	21.0
唐山	20.8	阜新	21.3	江苏省		西藏		中宁	20.8
承德	21.0	抚顺	21.4	徐州	20.0	拉萨	20.2	固原	20.9
丰宁	21.2	朝阳	21.1	连云港	20.0	噶尔	21.2	石嘴山	21.0
山西省		本溪	21.2	宿迁	20.0	日喀则	20.4	新疆	
太原	20.8	锦州	21.0	淮阴	20.0	陕西省		乌鲁木齐	21.8
大同	21.1	鞍山	21.1	盐城	20.0	西安	20.2	塔城	21.4
长治	20.8	葫芦岛	21.0	山东省		榆林	21.0	哈密	21.3
阳泉	20.5	吉林省		济南	20.2	延安	20.7	伊宁	21.1
临汾	20.4	长春	21.7	青岛	20.2	宝鸡	20.1	喀什	20.7
晋城	20.4	吉林	21.8	烟台	20.2	甘肃省		富蕴	22.4
运城	20.3	延吉	21.5	德州	20.5	兰州	20.8	克拉玛依	21.8
内蒙古		通化	21.6	淄博	20.4	酒泉	21.0	吐鲁番	21.1
呼和浩特	21.3	双辽	21.6	兖州	20.4	敦煌	21.0	库车	20.9
锡林浩特	22.0	四平	21.5	潍坊	20.4	张掖	21.0	和田	20.7
海拉尔	22.6	白城	21.8	河南省		山丹	21.1		
通辽	21.6	黑龙江		郑州	20.0	平凉	20.6		
赤峰	21.3	哈尔滨	21.9	安阳	20.3	天水	20.3		
满洲里	22.4	嫩江	22.5	濮阳	20.3	青海省			

2 夏热冬冷地区的住宅应以建筑物采暖和空气调节年耗电量之和为控制目标。

建筑物采暖和空气调节年耗电量应采用动态逐时模拟方法在确定的条件下计算。计算条件应包括：

1）居室室内冬、夏季的计算温度；

2）典型气象年室外气象参数；

3）采暖和空气调节的换气次数；

4）采暖、空气调节设备的能效比；

5）室内得热强度。

计算所得的采暖和空气调节年耗电量之和，不应超过表 10.3.3－2 按采暖度日数 *HDD*18 列出的采暖年耗电量和按空气调节度日数 *CDD*26 列出的空气调节年耗电量的限值之和。

建筑物采暖年耗电量和空气调节年耗电量的限值　表 10.3.3－2

*HDD*18（℃·d）	采暖年耗电量 E_h（kWh/m²）	*CDD*26（℃·d）	空气调节年耗电量 E_c（kWh/m²）
800	10.1	25	13.7
900	13.4	50	15.6
1000	15.6	75	17.4
1100	17.8	100	19.3
1200	20.1	125	21.2
1300	22.3	150	23.0
1400	24.5	175	24.9
1500	26.7	200	26.8
1600	29.0	225	28.6
1700	31.2	250	30.5

续表

HDD18（℃·d）	采暖年耗电量 E_h（kWh/m²）	CDD26（℃·d）	空气调节年耗电量 E_c（kWh/m²）
1800	33.4	275	32.4
1900	35.7	300	34.2
2000	37.9		
2100	40.1		
2200	42.4		
2300	44.6		
2400	46.8		
2500	49.0		

3 夏热冬暖地区的住宅应以参照建筑的空气调节和采暖年耗电量为控制目标。

参照建筑和所设计住宅的空气调节和采暖年耗电量应采用动态逐时模拟方法在确定的条件下计算。计算条件应包括：

1）居室室内冬、夏季的计算温度；

2）典型气象年室外气象参数；

3）采暖和空气调节的换气次数；

4）采暖、空气调节设备的能效比。

参照建筑应按下列原则确定：

1）参照建筑的建筑形状、大小和朝向均应与所设计住宅完全相同；

2）参照建筑的开窗面积应与所设计住宅相同，但当所设计住宅的窗面积超过规定性指标时，参照建筑的窗面积应减小到符合规定性指标；

3）参照建筑的外墙、屋顶和窗户的各项热工性能参数应符合规定性指标。

11 使用与维护

11.0.1 住宅应满足下列条件，方可交付用户使用：

1 由建设单位组织设计、施工、工程监理等有关单位进行工程竣工验收，确认合格；取得当地规划、消防、人防等有关部门的认可文件或准许使用文件；在当地建设行政主管部门进行备案；

2 小区道路畅通，已具备接通水、电、燃气、暖气的条件。

条文说明：住宅竣工验收合格，取得当地规划、消防、人防等有关部门的认可文件或准许使用文件，并满足地方建设行政主管部门规定的备案要求，才能说明住宅已经按要求建成。在此基础上，住宅具备接通水、电、燃气、暖气等条件后，可交付使用。

11.0.2 住宅应推行社会化、专业化的物业管理模式。建设单位应在住宅交付使用时，将完整的物业档案移交给物业管理企业，内容包括：

1 竣工总平面图，单体建筑、结构、设备竣工图，配套设施和地下管网工程竣工图，以及相关的其他竣工验收资料；

2 设施设备的安装、使

条文说明：物业档案是实行物业管理必不可少的重要资料，是物业管理区域内对所有房屋、设备、管线等进行正确使用、维护、保养和修缮的技术依据，因此必须妥为保管。物业档案的所有者是业主委员会。物业档案最初应由建设单位负责形成和建立，在物业交付使用时由建设单位移交给业主委员会，并保证其完好。

相关规范要求如下：

《物业管理条例》

第二十九条 在办理物业承接验收手续

用和维护保养等技术资料；

3 工程质量保修文件和物业使用说明文件；

4 物业管理所必需的其他资料。

物业管理企业在服务合同终止时，应将物业档案移交给业主委员会。

时，建设单位应当向物业管理企业移交下列资料：

（一）竣工总平面图，单体建筑、结构、设备竣工图，配套设施、地下管网工程竣工图等竣工验收资料；

（二）设施设备的安装、使用和维护保养等技术资料；

（三）物业质量保修文件和物业使用说明文件；

（四）物业管理所必需的其他资料。

物业管理企业应当在前期物业服务合同终止时将上述资料移交给业主委员会。

第三十九条 物业服务合同终止时，物业管理企业应当将物业管理用房和本条例第二十九条第一款规定的资料交还给业主委员会。

物业服务合同终止时，业主大会选聘了新的物业管理企业的，物业管理企业之间应当做好交接工作。

11.0.3 建设单位应在住宅交付用户使用时提供给用户《住宅使用说明书》和《住宅质量保证书》。

《住宅使用说明书》应当对住宅的结构、性能和各部位（部件）的类型、性能、标准等做出说

条文说明：《住宅使用说明书》是指导用户正确使用住宅的技术文件，所附《住宅品质状况表》不仅载明住宅是否已进行性能认定，还包括住宅各方面的基本性能情况，体现了对消费者知情权的尊重。

《住宅质量保证书》是建设单位按

明，提出使用注意事项。《住宅使用说明书》应附有《住宅品质状况表》，其中应注明是否已进行住宅性能认定，并应包括住宅的外部环境、建筑空间、建筑结构、室内环境、建筑设备、建筑防火和节能措施等基本信息和达标情况。

《住宅质量保证书》应当包括住宅在设计使用年限内和正常使用情况下各部位、部件的保修内容和保修期、用户报修的单位，以及答复和处理的时限等。

照政府统一规定提交给用户的住宅保修证书。在规定的保修期内，一旦出现属于保修范围内的质量问题，用户可以按照《住宅质量保证书》的提示获得保修服务。《住宅质量保证书》应当列明工程质量监督单位核验的质量等级、保修范围、保修期和保修单位等内容。

11.0.4 用户应正确使用住宅内电气、燃气、给水排水等设施，不得在楼面上堆放影响楼盖安全的重物，严禁未经设计确认和有关部门批准擅自改动承重结构、主要使用功能或建筑外观，不得拆改水、暖、电、燃气、通信等配套设施。

条文说明：用户正确使用住宅设备，不擅自改动住宅主体结构等，是保证正常安全居住的基本要求。鉴于住户擅自改动住宅主体结构、拆改配套设施等情况时有发生，本条对此做了严格限制。

相关规范要求如下：

《住宅装饰装修施工规范》GB 50327—2001

3.1.4 施工中，严禁擅自改动建筑主体、承重结构或改变房间主要使用功能。严禁擅自拆改燃气、暖气、通信等配套设施。

11.0.5 对公共门厅、公共走廊、公共楼梯间、外墙面、屋面等住宅的共用部位，用户不得自行拆改或占用。

条文说明：不允许自行拆改或占用共用部位，既是为了维护公众居住权益，也是为了保证人员的生命安全。

11.0.6 住宅和居住区内按照规划建设的公共建筑和共用设施，不得擅自改变其用途。

条文说明：住宅和居住区内按照规划建设的公共建筑和共用设施，是为广大用户服务的，若改变其用途，将损害公众权益。

相关规范要求如下：

《物业管理条例》

第五十条 物业管理区域内按照规划建设的公共建筑和共用设施，不得改变用途。

业主依法确需改变公共建筑和共用设施用途的，应当在依法办理有关手续后告知物业管理企业；物业管理企业确需改变公共建筑和共用设施用途的，应当提请业主大会讨论决定同意后，由业主依法办理有关手续。

第五十一条 业主、物业管理企业不得擅自占用、挖掘物业管理区域内的道路、场地，损害业主的共同利益。

因维修物业或者公共利益，业主确需临时占用、挖掘道路、场地的，应当征得业主委员会和物业管理企业的同意；物业管理企业确需临时占用、挖掘道路、场地的，应当征得业主委员会的同意。

业主、物业管理企业应当将临时占用、挖掘的道路、场地，在约定期限内恢复原状。

11.0.7　物业管理企业应对住宅和相关场地进行日常保养、维修和管理；对各种共用设备和设施，应进行日常维护、按计划检修，并及时更新，保证正常运行。

条文说明：对住宅和相关场地进行日常保养、维修和管理，对各种共用设备和设施进行日常维护、检修、更新，是保证物业正常使用所必需的，也是物业管理公司的重要工作内容。

相关规范要求如下：

《物业管理条例》

第三十六条　物业管理企业应当按照物业服务合同的约定，提供相应的服务。

物业管理企业未能履行物业服务合同的约定，导致业主人身、财产安全受到损害的，应当依法承担相应的法律责任。

11.0.8　必须保持消防设施完好和消防通道畅通。

条文说明：近年来，居住小区消防设施完好率低和消防通道被挤占的情况比较普遍，尤其是小汽车大量进入家庭以来，停车占用消防通道的现象越来越多，一旦发生火灾，将给扑救工作带来巨大困难。本条此规定必须保持消防设施完好和消防通道畅通。

相关规范要求如下：

《住宅装饰装修工程施工规范》GB 50327—2001

4　防火安全

4.5 消防设施的保护

4.5.1 住宅装饰装修不得遮挡消防设施、疏散指示标志及安全出口，并且不应妨碍消防设施和疏散通道的正常使用。不得擅自改动防火门。

4.5.2 消火栓门四周的装饰装修材料颜色应与消火栓门的颜色有明显区别。

4.5.3 住宅内部火灾报警系统的穿线管，自动喷淋灭火系统的水管线应用独立的吊管架固定。不得借用装饰装修用的吊杆和放置在吊顶上固定。

4.5.4 当装饰装修重新分割了住宅房间的平面布局时，应根据有关设计规范针对新的平面调整火灾自动报警探测器与自动灭火喷头的布置。

4.5.5 喷淋管线、报警器线路、接线箱及相关器件宜暗装处理。